AIGC
提示工程师
精进之道

精准提问 | 优化提示 | 有效查询 | 文字生成 | 绘图之美

周喜平　董丽莎　编著

人民邮电出版社

北京

图书在版编目（CIP）数据

AIGC 提示工程师精进之道：精准提问·优化提示·
有效查询·文字生成·绘图之美 / 周喜平，董丽莎编著.
北京：人民邮电出版社，2025. -- ISBN 978-7-115
-65802-9

Ⅰ．TP18

中国国家版本馆 CIP 数据核字第 2025UE9510 号

内 容 提 要

　　本书是一本关于AIGC提示工程师的实用指南，讲解了成为优秀AIGC提示工程师所需的技术特长和知识、沟通和协作能力、持续学习和自我提升方法等。

　　本书分为3篇，共13章。第1篇为AIGC提示工程师基础，内容包括AI崛起下的新职业——AIGC提示工程师、设计高效提示的基本原则、常用的提示方法以及提示工程实践中的常见问题等；第2篇为提示进阶技巧，内容包括优化提示的除错过程、解决复杂问题的高级提示技巧、提升提示效果的高级技巧以及酷炫的生成式AI绘图与视频平台等；第3篇为提示应用实战，内容包括语言和翻译提示技巧、社交对话提示技巧、知识查询和解答提示技巧、创意和故事写作提示技巧以及创新应用的提示技巧等。

　　本书适合AI开发者、数据科学家、软件工程师，以及其他对AI及其应用领域感兴趣的读者学习使用。

◆ 编　著　周喜平　董丽莎
　　责任编辑　李永涛
　　责任印制　王　郁　胡　南
◆ 人民邮电出版社出版发行　　北京市丰台区成寿寺路 11 号
　　邮编 100164　电子邮件 315@ptpress.com.cn
　　网址 https://www.ptpress.com.cn
　　天津裕同印刷有限公司印刷
◆ 开本：700×1000　1/16
　　印张：12.5　　　　　　　　2025 年 4 月第 1 版
　　字数：241 千字　　　　　　2025 年 4 月天津第 1 次印刷

定价：79.90 元

读者服务热线：**(010)81055410**　印装质量热线：**(010)81055316**
反盗版热线：**(010)81055315**

前言

随着人工智能（Artificial Intelligence，AI）的迅猛发展，新兴的职业应运而生，其中，人工智能生成内容（Artificial Intelligence Generated Content，AIGC）提示工程师成了这一技术浪潮中不可或缺的关键角色。本书旨在为对 AI 提示领域感兴趣的读者提供一份系统而详尽的指南，协助他们提升在 AI 时代所需的专业技巧与核心能力，从而使他们在职业发展的道路上取得进步和突破。

本书特色

一、全面性与系统性

本书从 AIGC 提示工程师的基础知识出发，介绍了 AIGC 提示工程师应具备的技术特长和知识、沟通和协作能力，以及持续学习和自我提升方法等内容。本书分为 3 篇，逐步引导读者深入理解并掌握 AIGC 提示工程师的各个方面。

二、实用性与操作性

本书不仅提供了丰富的理论知识，而且注重实践，通过具体的案例分析，帮助读者将所学知识应用于实际工作中，提升读者解决实际问题的能力。

三、进阶与深化

本书不仅为初学者提供了易于理解的入门知识，还为有经验的专业人士提供了高级技巧，满足不同层次读者的需求。

本书内容

本书分为 3 篇，系统地介绍了 AIGC 提示工程师基础、提示进阶技巧和提示应用实战。

第 1 篇（第 1 ~ 4 章）为 AIGC 提示工程师基础，涵盖了 AIGC 提示工程师的入门知识，旨在帮助读者了解 AIGC 提示工程师这一职业、设计高效提示的基本原则、常用的提示方法及提示工程实践中的常见问题等。

第 2 篇（第 5 ~ 8 章）为提示进阶技巧，深入探讨提升提示效果的高级技巧，旨在帮助读者通过深入理解 AI 模型的工作原理和优化策略，提高作为 AIGC 提示工程师的专业能力。读者将掌握如何设计更有效的提示、如何处理 AI 模型回答中的歧义和误解、如何通过测试和反馈来优化提示以及熟悉生成式 AI 绘图与视频平台的应用等。

第 3 篇（第 9 ～ 13 章）为提示应用实战，旨在帮助读者学习如何在不同场景下应用提示技巧，包括语言和翻译、社交对话、知识查询和解答、创意和故事写作、创新应用等多个场景。通过实战演练，读者可以加深对提示技巧的理解，并提升解决实际问题的能力。

本书读者

本书适合以下读者。

- AI 技术爱好者：对 AI 技术充满热情的人士，希望通过本书系统学习提示技巧的基础知识并应用。
- AIGC 提示工程师：正在从事或希望成为 AIGC 提示工程师的人士，想提升自己的专业技能和工作效率。
- 自然语言处理专家：专注于自然语言处理领域的研究者和实践者，想深化对大语言模型和对话系统的理解。
- 学术研究人员：在高校或研究机构中对提示技巧感兴趣的学术研究人员。
- 企业管理层或决策者：需要理解提示技巧以做出更明智的技术决策的企业管理层或决策者。
- 技术培训讲师：负责 AI 技术培训的讲师，可以将本书作为教学材料，向学员传授新的行业知识和技能。

在阅读本书的过程中，编著者鼓励读者保持好奇心和探索精神，不断实践和反思。AI 技术是一个不断发展的领域，而 AIGC 提示工程师则是这个领域的探索者和创新者。希望读者通过本书的学习和实践，成为优秀的 AIGC 提示工程师，为推动 AI 技术的应用和发展贡献自己的力量。

本书由郑州西亚斯软件工程研究所的周喜平和天津仁爱学院的董丽莎编著。其中，第 2 ～ 4 章、第 9 章、第 11 章由周喜平编写，第 1 章、第 5 ～ 8 章、第 10 章、第 12 章和第 13 章由董丽莎编写。本书在编写过程中得到了河南省民办教育发展专项资金的支持，是软件工程专业建设的成果之一。

在编写本书的过程中，编著者竭尽所能地将更好的内容呈现给读者，但书中难免有不妥之处，敬请广大读者批评指正。读者在学习过程中有任何疑问或建议，可发送电子邮件至 liyongtao@ptpress.com.cn。

编著者

2025 年 2 月

资源与支持

资源获取

本书提供如下资源。

- 本书思维导图。
- 异步社区 7 天 VIP 会员。
- 本书配套的练习文件。

要获得以上资源，您可以扫描下方二维码，根据指引领取。

提交勘误

作者和编辑尽最大努力来确保书中内容的准确性，但难免会存在疏漏。欢迎您将发现的问题反馈给我们，帮助我们提升图书的质量。

当您发现错误时，请登录异步社区（https://www.epubit.com），按书名搜索，进入本书页面，单击"发表勘误"，输入勘误信息，单击"提交勘误"按钮即可（见下图）。本书的作者和编辑会对您提交的勘误进行审核，确认并接受后，您将获赠异步社区的 100 积分。积分可用于在异步社区兑换优惠券、样书或奖品。

图书勘误		发表勘误
页码： 1	页内位置（行数）： 1	勘误印次： 1
图书类型： 纸书 电子书		

添加勘误图片（最多可上传4张图片）

\+

提交勘误

与我们联系

我们的联系邮箱是 liyongtao@ptpress.com.cn。

如果您对本书有任何疑问或建议，请您发邮件给我们，并请在邮件标题中注明本书书名，以便我们更高效地做出反馈。

如果您有兴趣出版图书、录制教学视频，或者参与图书翻译、技术审校等工作，可以发邮件给我们。

如果您所在的学校、培训机构或企业想批量购买本书或异步社区出版的其他图书，也可以发邮件给我们。

如果您在网上发现有针对异步社区出品图书的各种形式的盗版行为，包括对图书全部或部分内容的非授权传播，请您将怀疑有侵权行为的链接发邮件给我们。您的这一举动是对作者权益的保护，也是我们持续为您提供有价值的内容的动力之源。

关于异步社区和异步图书

"异步社区"（www.epubit.com）是由人民邮电出版社创办的 IT 专业图书社区，于 2015 年 8 月上线运营，致力于优质内容的出版和分享，为读者提供高品质的学习内容，为作译者提供专业的出版服务，实现作译者与读者在线交流互动，以及传统出版与数字出版的融合发展。

"异步图书"是异步社区策划出版的精品 IT 图书的品牌，依托于人民邮电出版社在计算机图书领域 40 多年的发展与积淀。异步图书面向 IT 行业以及各行业使用 IT 的用户。

目录

第 1 篇

AIGC 提示
工程师基础

第 1 章　AI 崛起下的新职业——AIGC 提示工程师

AIGC 提示工程师在 AI 模型训练中扮演着至关重要的角色，其职责在于确保 AI 模型能够精确理解人类需求，并在广泛的任务中展现出卓越性能。为实现这一目标，他们需将复杂的任务分解为一系列自然语言问句，逐步引导 AI 模型进行回答，确保信息的准确性。作为新兴职业，AIGC 提示工程师致力于持续推动 AI 提示技术的优化和发展，旨在为用户提供更加精确、实用和高效的 AI 模型。

本章主要探讨 AIGC 提示工程师在 AI 模型开发过程中所发挥的核心作用及其重要性。

1.1　认识 AIGC 提示工程师

随着 AI 技术的快速发展，一个新兴职业逐渐走进人们的视野——AIGC 提示工程师。他们不仅是 AI 系统的"导航员"，还是智能应用的"优化师"。那么，究竟什么是 AIGC 提示工程师？他们的职责又是什么呢？接下来，让我们一同揭开这个职业的神秘面纱。

1.1.1　什么是 AIGC 提示工程师

AIGC 提示工程师是与 AI 模型密切合作的专业人士。他们的工作不仅是简单地与 AI 模型互动，更是要通过精心设计的提示，让 AI 模型理解并准确回应人类的需求。

想象一下，AIGC 提示工程师就像是 AI 模型的"心灵导师"。他们需要深入了解 AI 模型的工作原理，掌握其学习机制和思维模式。然后，他们会根据具体的应用场景和目标，构思出恰当的提示。这些提示可能是一段文字、一个问题或者一个指令，它们就像是给 AI 模型指路的明灯，引导其走向正确的答案。

AIGC 提示工程师需要具备丰富的知识储备和敏锐的洞察力。他们要了解各种 AI 模型的特性和局限，以便编写出适应不同 AI 模型的提示。同时，他们还需要具备出色的沟通技巧和团队协作能力，以便与其他团队成员有效沟通，共同解决问题。

通过 AIGC 提示工程师的努力，AI 模型能够更好地理解人类的语言和意图，产生更加准确和有用的回应。无论是智能客服、智能家居还是自动驾驶等领域，AIGC

提示工程师都在为 AI 技术的应用和发展贡献着自己的力量。

总的来说，AIGC 提示工程师是 AI 时代的重要角色，他们通过巧妙设计和调整提示，让 AI 模型变得更加聪明和高效，为人类带来更加便捷和智能的生活体验。

1.1.2　AIGC 提示工程师的职责及所需知识和能力

一、AIGC 提示工程师的职责

AIGC 提示工程师的工作是创建有效的提示，通过自然语言指令来指导 AI 模型完成任务。与传统的程序员不同，他们不需要编写复杂的代码，而是使用自然语言指令来实现目标。

（1）了解需求：AIGC 提示工程师首先需要与客户合作，了解他们的需求和期望，明确问题、设定目标和确定预期结果。

（2）设计提示：AIGC 提示工程师需要具备良好的提示设计能力，选择和设计适合特定领域和目标的提示，包括关键字提示、引导式提示、类比和比喻提示等。

（3）了解 AI 模型限制：AIGC 提示工程师需要了解 AI 模型的限制和注意事项，如处理模糊输入、理解误导性回答和处理过度提问等。

（4）优化提示和除错：AIGC 提示工程师需要具备优化提示和除错的能力，分析 AI 模型的输出结果，理解 AI 模型的运作方式，并进行必要的修正和改进。

总的来说，AIGC 提示工程师的职责包括了解客户需求、设计有效的提示、了解模型的限制和注意事项，以及优化提示和除错。他们的工作将直接影响 AI 模型的性能和应用效果，进而影响客户体验。

二、AIGC 提示工程师所需知识和能力

AIGC 提示工程师需要具备以下知识和能力。

（1）技术专业知识：对软件开发、系统架构、数据分析、网络安全等方面的知识有深入了解。

（2）解决问题的能力：善于分析复杂的技术问题，提出创新的解决方案。

（3）自主学习和持续发展的能力：由于技术领域的不断演进，他们需要不断更新自己的知识，学习新技术。

（4）沟通和协作能力：能够与团队成员、非技术人员和客户有效沟通，解释技术概念和方案。

（5）创新和创造力：能够提供具有独特性和价值的解决方案，推动技术和业务的创新。

（6）提供技术支持和指导的能力：能够提供技术支持、建议和指导，帮助他人解决技术问题，促进项目的成功。

总的来说，AIGC 提示工程师的核心工作是为 AI 模型提供指令，以使其生成高质量的内容。他们的目标是训练或调整 AI 模型，以输出符合需求的答案。

1.2　如何成为优秀的 AIGC 提示工程师

AIGC 提示工程师不仅需要具备特定的技术特长和丰富的知识，还应具备沟通和协作能力，掌握持续学习和自我提升方法。接下来，我们将深入探讨这些关键要素，带你一步步成为优秀的 AIGC 提示工程师。

1.2.1　技术特长和知识

对 AIGC 提示工程师来说，特定的技术专长和丰富的知识是不可或缺的。下面将详细阐述该职业的关键技能和素质。

一、自然语言处理（NLP）

NLP 是 AIGC 提示工程师所需的核心技能之一，涵盖语法、语义、上下文理解等人类语言处理要素。AIGC 提示工程师熟悉大语言模型和语义理解等常见 NLP 技术和工具，将有助于优化提示设计并深化对 AI 模型响应的理解。

二、机器学习和深度学习

AIGC 提示工程师精通机器学习和深度学习的基础理论与算法至关重要。AIGC 提示工程师掌握 TensorFlow、PyTorch 等主流机器学习框架和深度学习模型，将促进对 AI 模型的理解与应用。同时，AIGC 提示工程师对模型优化与参数调整技巧的掌握亦不可或缺。

三、程序设计和软件开发

对 AIGC 提示工程师来说，优秀的程序设计和软件开发能力不可或缺。编写高效、可靠且易于维护的代码是进行提示设计的关键。AIGC 提示工程师熟悉 Python、Java 等常用编程语言及相关开发工具和技术，将提升工作效率与质量。

1.2.2　沟通和协作能力

除技术特长和知识外，AIGC 提示工程师也应具备出色的沟通和协作能力。下面介绍一些关键的素质，这些素质对 AIGC 提示工程师与团队和客户的合作以及问题的有效解决至关重要。

一、良好的沟通能力

AIGC 提示工程师需要清晰地表达自己的观点和想法，并有效地与团队和客户沟通。良好的口头和书面沟通能力能够帮助 AIGC 提示工程师准确地传达需求、解释技术问题，并有效解决冲突和消除沟通障碍。

二、团队合作能力

AIGC 提示工程师在工作中往往需要与其他人合作，包括其他 AIGC 提示工程师、设计师、产品经理等。AIGC 提示工程师具备良好的团队合作能力能够促进项目的顺利进行以及共同目标的实现。这包括 AIGC 提示工程师能够有效地与团队成员合作、共享知识和经验，并适应不同的工作风格和文化。

1.2.3 持续学习和自我提升方法

AIGC 提示工程师的领域日新月异，技术更新换代迅速，因此，持续学习与自我提升至关重要。为了帮助 AIGC 提示工程师在职业道路上不断前行，以下是一些建议。

一、持续学习

AIGC 提示工程师必须保持对新科技动态与研究成果的敏锐感知，并不断学习新知识与技能。踊跃参与研讨会、工作坊、专业培训课程，深入研读相关文献，同时积极投身开源项目与社区活动，皆为实现持续学习的有效途径。

二、建立和发展关系网

建立并发展关系网，与同行多交流，互相分享心得。参与所在行业的社区活动，在社交媒体上发表意见，或参加相关的会议和活动，这些都是提升自己、拓展学习和获得成长机会的好方法。

三、开展个人项目与实践活动

AIGC 提示工程师通过开展个人项目与实践活动，可以将所学知识转化为解决实际问题的能力。实践与应用是提升技能与积累经验的坚实基础。

1.3 AIGC 提示工程师的发展趋势

AIGC 提示工程师是一个充满挑战和机遇的职业。随着 AI 技术的快速发展和广泛应用，各行各业对具备设计和优化提示能力的专业人士的需求不断增加。

从自然语言处理到知识查询，从创意写作到创新应用，AIGC 提示工程师能够在各种领域中发挥作用。他们可以在科技公司、研究机构、创新实验室等各种组织中找到工作机会。

随着 AI 技术的不断发展，AIGC 提示工程师的职业前景非常好。人们对智能对话和个性化体验的需求不断增加，这使得 AIGC 提示工程师的专业知识和技能变得更加重要。同时，新兴技术和应用领域（如生成式 AI 绘图、虚拟助理等）的发展也为 AIGC 提示工程师带来了更多的发展机会。

未来，AIGC 提示工程师将扮演更重要的角色，参与更多领域的 AI 应用，包括自然语言处理、智能型助理、翻译系统建构等。他们的工作将直接影响 AI 模型的性能和客户体验，为各行业带来更多创新成果、提高效率。

同时，AIGC 提示工程师也需要不断学习和更新自己的知识并提升技能。他们应该关注最新的技术趋势和研究成果，不断提高自己在提示设计和 AI 应用方面的专业水平。例如，他们需要关注最新的 AI 技术和研究成果，掌握新的提示方法和策略。此外，他们还可以参与学术界或专业社区的活动，与其他专业人士交流和分享经验，拓展自己的专业网络。

大致说来，AIGC 提示工程师是一个充满挑战的职业。AIGC 提示工程师在不断发展的 AI 领域中发挥着重要作用，并有机会参与其他各种领域的创新和应用。

1.3.1　AIGC 提示工程师的职业发展

在本小节，我们将探讨 AIGC 提示工程师的职业发展道路以及如何拥有一个成功的职业生涯。

（1）职业发展道路。AIGC 提示工程师的职业发展道路具有多样性。一些 AIGC 提示工程师可能选择在大型科技公司或研究机构工作，从事先进的 AI 研究和开发；一些 AIGC 提示工程师可能选择成为自由职业者或独立顾问，为不同领域的客户提供提示服务；一些 AIGC 提示工程师可能选择创业，建立自己的公司或项目。职业发展道路的选择取决于个人的兴趣、技能和目标。

（2）不断追求学识与技能的提升。AIGC 提示工程师必须深刻认识到持续学习与专业发展的重要性。鉴于技术与行业发展的日新月异，不断扩充自身的知识储备与更新技能成为 AIGC 提示工程师职业发展的必由之路。参与各类研讨会及培训课程，定期研读相关文献，并主动参与开源项目与社区活动，均是促进个人进步与成长的有效途径。同时，努力获取相关认证与专业资格，将进一步增强个人的专业底蕴与市场竞争力。

（3）寻找专业机会和合作伙伴。建立和拓展专业网络是职业发展的关键。AIGC 提示工程师可以参与专业社区和社交媒体上的讨论，与其他 AIGC 提示工程师和相关领域的专业人士交流和分享经验。寻找合作伙伴，共同开展项目或研究，这将有助于扩大影响力，并带来更多机会。

1.3.2　行业趋势和前景展望

了解 AIGC 提示工程师的职业发展前景需要关注当前的行业趋势和发展方向。以下是一些值得关注的行业趋势和前景展望。

（1）AI 技术快速发展。AI 技术在各个领域的应用日益普及，各行各业对 AIGC 提示工程师的需求也在增加。随着 AI 技术的快速发展和创新，AIGC 提示工程师有机会参与更多具有挑战性和有意义的项目。

（2）跨领域合作需求增加。随着 AI 技术在各个行业和领域的应用，AIGC 提示工程师需要具备跨领域合作的能力。AIGC 提示工程师与其他专业人士，如设计师、市场营销人员等合作，可以设计更有价值和实用性的提示。

（3）重视伦理与法律问题。AIGC 提示工程师在应用 AI 技术时，必须高度关注其可能引发的伦理和法律问题。AIGC 提示工程师应了解和遵守所有相关的伦理准则和法律法规，以确保所提供的指导内容完全符合道德和法律的规范要求。

（4）机器学习和自然语言处理技术发展。机器学习和自然语言处理是 AIGC 领域的关键技术。不断研究和创新机器学习和自然语言处理技术，将为 AIGC 提示工程师带来更强大和高效的工具和技术，提高提示的准确性和效果。

1.3.3 发展策略

为了实现职业发展的目标和取得成功，AIGC 提示工程师可以采取以下策略。

（1）持续学习和自我提升。AIGC 提示工程师应该保持对新技术和工具的学习和探索，参加相关的培训课程、研讨会并进行在线学习，不断更新和提升自己的知识和技能。

（2）取得专业认证和资格。取得相应的专业认证和资格可以反映专业水平。

（3）建立个人品牌。AIGC 提示工程师建立个人品牌是一个有效的职业发展策略。AIGC 提示工程师分享知识和经验，参与行业讨论，并在线上和线下平台展示作品和成果，可以增加影响力。

（4）探索创业和自主项目。如果有创业精神和自主性，AIGC 提示工程师可以考虑创建自己的项目或公司，这将有助于获得更多的机会来实现想法和追求专业成就。

一言以蔽之，AIGC 提示工程师持续学习和自我提升、取得专业认证和资格、建立个人品牌以及探索创业和自主项目是实现职业发展的关键策略。

第 2 章　设计高效提示的基本原则

　　本章将详细阐述设计高效提示的基本原则。掌握关键的技巧和策略能使 AIGC 提示工程师与 AI 模型之间的沟通协作更加流畅且高效。本章将介绍如何设定清晰明确的目标、如何提高内容准确度、如何理解 AI 模型期望的输入格式、如何提高与 AI 模型沟通的效果以及一些高效提示技巧等。通过深入学习和实践这些内容，AIGC 提示工程师将能够设计出更高效、更精准的提示，进而显著提升 AI 模型的应用价值。

2.1　目标明确，提高内容准确度

　　AIGC 提示工程师在设定目标时，一个重要的步骤是确定所需的输出内容类型。例如，如果我们正在开发一个聊天机器人，我们可能希望设定目标为生成自然流畅且有意义的回答。这样的目标可以帮助我们确保生成的内容符合使用者的期望并具有良好的可读性。以下示例要求 AI 模型以表格的形式来呈现回答内容。

> **提示**
>
> 　　请帮我收集 10 个单词（单词的首字母不需要大写，且它们不能是专有名词的英文缩写），并提供单词词性的英文缩写及中文意思。
>
> 　　（表格式，column= 英文单词，词性的英文缩写，中文意思）

❈ AI 回答（见表 2-1）

表 2-1

英文单词	词性的英文缩写	中文意思
abandon	v.	放弃
abstract	adj.	抽象的
achieve	v.	实现
adapt	v.	适应
advance	v.	推进
analyze	v.	分析
ancient	adj.	古老的
apparent	adj.	显然的
argue	v.	争论
assist	v.	协助

另外，界定提示的范围也是设定目标的关键一环。例如，如果我们正在开发一个问答系统，需要明确界定提示的范围（如医疗、科学或历史等），这样可以帮助AI模型更好地理解提示的内容，并生成相关且有价值的回答。

> 🤖 **提示**　　请从科学的角度详细解释地磁暴为什么会带来极光现象。解释内容包括地磁暴的成因、地球磁场的变化，以及这些变化如何导致极光产生。

✳ AI 回答

地磁暴带来的极光现象是一个令人着迷的自然奇观，它涉及地球磁场、太阳风以及大气层的复杂相互作用。作为地球物理学家，我将从科学的角度详细解释这一现象的成因和产生过程。

首先，我们需要了解地磁暴的成因。地磁暴通常是由太阳风中的高能带电粒子进入地球磁场引起的。太阳风是太阳持续释放的高能带电粒子流，当高能带电粒子流与地球磁场相遇时，它们会被地球磁场捕获并沿着磁力线运动。高能带电粒子在地球磁场中受到洛伦兹力的作用，不断加速和改变方向，从而引发地球磁场的变化。

地球磁场的变化是极光产生的关键。当地磁暴发生时，地球磁场受到强烈的扰动，磁力线发生扭曲和变形。这些变化导致地球磁场中的能量重新分布，部分能量以电流的形式在地球大气层中流动，形成所谓的地电流。

其次，我们来看这些地电流如何导致极光的产生。地电流主要集中在地球的两极地区，即北极和南极附近。当地电流进入大气层时，它们与大气分子或原子发生相互作用。高能带电粒子与大气分子或原子碰撞，激发大气分子或原子并使其释放出光子。这些光子以特定颜色的光辐射形式表现出来，形成了我们看到的极光。

极光的颜色取决于大气中被激发的分子或原子的种类。例如，氧原子在受到激发后会发出绿色或红色的光，而氮分子在受到激发后则发出蓝色或紫色的光。因此，我们看到的极光通常是多种颜色的混合体，呈现出绚丽多彩的景象。

此外，地磁暴的强度也会影响极光的亮度和范围。当地磁暴较为强烈时，更多的高能带电粒子进入地球磁场，导致地电流增强，从而使得极光更加明亮和范围更大。

综上所述，地磁暴带来的极光现象是地球磁场、太阳风以及大气层相互作用的结果。地磁暴导致地球磁场变化，进而引发地电流，地电流与大气分子或原子相互作用，使大气分子或原子释放出光子形成极光。极光的颜色和亮度取决于被激发的分子或原子种类以及地磁暴的强度。这一现象不仅展示了自然界的神奇魅力，也为我们提供了研究地球磁场和太阳风的重要线索。

在设定目标时，考虑使用者需求和期望也是至关重要的。举个例子，如果我们正在开发一个提供旅游建议的系统，我们需要了解使用者可能会提出的问题和他们对回答的期望。这可以帮助我们更好地设计提示，让AI提供有用且符合使用者需求的回答。例如，如果使用者问到"云南有哪些知名的旅游景点"，我们的目标可以是生成一个清单，列出云南的知名旅游景点以及相关的介绍和建议。请参考以下示例。

提示

云南有哪些知名的旅游景点?

✳ AI 回答

云南是中国西南部一个拥有丰富自然和人文资源的地区,拥有许多知名的旅游景点。以下是云南一些知名的旅游景点。

1. 丽江古城:丽江古城位于丽江市,是中国保存最完整的古城之一,也是世界文化遗产。这里有独特的纳西族风情、古老的建筑和神秘的纳西文化。

2. 大理古城:大理古城位于大理市,曾是南诏古国的都城,保留了大量的历史建筑和文化遗产。

3. 香格里拉:香格里拉拥有壮丽的自然风光和深厚的藏传佛教文化,独克宗古城和噶丹松赞林寺都是该地区的主要景点。

4. 泸沽湖:泸沽湖是云南与四川交界处的一个高原湖泊,湖水清澈,周围群山环抱,十分受摄影和自然爱好者的欢迎。

5. 玉龙雪山:玉龙雪山位于丽江市境内,有壮丽的雪景和丰富的高山植被,是登山、徒步和观光的热门地点。

6. 西双版纳热带雨林:西双版纳热带雨林位于云南南部,是中国境内唯一的热带雨林保护区,生物多样性丰富,吸引着众多游客前来观赏。

7. 元阳梯田:元阳梯田位于云南红河哈尼族彝族自治州元阳县境内,是世界上最壮观的梯田之一。

8. 束河古镇:束河古镇位于丽江市,是丽江古城的"姊妹镇",保留了大量的纳西族传统建筑和风俗,是体验纳西文化的好去处。

这些只是云南省内一些知名的旅游景点,实际上该省还有许多其他美丽的地方,例如普者黑、腾冲、建水等地也都值得一游。

设定目标时,AIGC 提示工程师务必确保其清晰明确,这是至关重要的原则。明确的目标有助于评估成效及进行必要的优化。以"生成一些关于狗的信息"这一目标为例,其缺乏具体性,无法使 AI 模型明确内容应涵盖狗的哪些方面。相比之下,一个更具体明确的目标应是"根据使用者的问题,提供特定狗品种的历史背景、特性描述及饲养建议"。这样的目标能够更好地指导内容的生成,从而使其更具效果和价值。

综上所述,在确立目标的过程中,我们必须明确所需的输出内容类型,界定提示的范围,并充分考虑使用者需求和期望。同时,避免目标的模糊性和不确定性,是确保目标有效性的关键。这些原则将为我们设计提示提供有力的支持,使其更具针对性和成效。

在对 AI 模型进行提问时,请确保问题表述清晰、易于理解。为确保问题的明确性,可以参考以下几个方面。

2.1.1　使用简练的语言

使用简练的语言可以使问题更容易理解。请尝试使用简单的词汇和简短的句子来表述问题。例如，如果问题是"我想学游戏设计，那我需要哪些基础知识"，可以简化成"学习游戏设计需要的基础知识"。

> **提示**
>
> 我想学游戏设计，那我需要哪些基础知识？

AI 回答

学习游戏设计需要掌握多个领域的基础知识，包括但不限于以下几个方面。

1. 计算机科学基础：了解计算机基础概念、数据结构、算法等，以便理解编程语言和游戏引擎。

2. 编程语言：掌握至少一种游戏开发常用的编程语言，如 C++、C#、Java、Python 等，用于实现游戏逻辑。

3. 游戏引擎：熟悉一些主流的游戏引擎，如 Unity、Unreal Engine 等，了解其基本操作和功能，以及如何利用其进行游戏开发。

4. 美术设计：学习基本的美术设计原理，包括色彩理论、构图、动画原理等，以便设计游戏角色、场景等。

5. 音频设计：了解音频处理的基本原理，学习音频编辑软件的使用方法，以及学习游戏音效的制作和应用。

6. 游戏设计理论：熟悉游戏设计的基本原理，包括游戏玩法设计、关卡设计、平衡性设计等，以及游戏用户体验和用户界面设计。

7. 项目管理：学习项目管理的基本知识，包括需求分析、进度管理、团队协作等，以便有效地组织和管理游戏开发项目。

8. 市场营销：了解游戏市场和玩家需求，学习游戏营销策略，以便将游戏推广给目标受众。

除了以上基础知识，你还需要不断实践和积累经验，参与一些游戏开发团体项目或者个人项目，通过实际操作不断提升自己的游戏设计能力。

> **提示**
>
> 学习游戏设计需要的基础知识。

AI 回答

学习游戏设计需要掌握多种基础知识，包括但不限于以下几个方面。

1. 游戏理论：了解游戏设计的基本原则和理论，包括游戏动力学、游戏平衡等。这些理论知识可以帮助你更好地设计各种类型的游戏。

2. 编程语言：学习一种或多种游戏开发所需的编程语言，比如 C++、C#、Python 等。熟练掌握编程语言可以让你更好地进行游戏设计。

3. 美术设计：了解基本的美术设计原理，包括色彩理论、视觉设计、角色设计、场景设计等。对游戏来说，良好的美术设计是吸引玩家的重要因素之一。

4. 音效和音乐：学习如何使用音效和音乐来增强游戏的氛围感和体验感。音效和音乐可以帮助营造游戏氛围，提升玩家的沉浸感。

5. 用户体验设计：了解用户体验设计原理，包括用户界面设计、交互设计、可用性测试等。良好的用户体验设计可以让玩家更容易玩游戏，并提升他们的满意度和忠诚度。

6. 故事叙述：学习如何编写吸引人的游戏故事和剧情。一个好的故事可以增加游戏的吸引力和可玩性。

7. 游戏设计工具：熟悉各种游戏设计工具，比如 Unity、Unreal Engine、GameMaker 等。这些工具可以帮助你更高效地进行游戏设计和开发。

8. 市场分析和商业意识：了解游戏市场的趋势和玩家需求，学会进行市场分析和商业规划。这样可以帮助你设计出更符合市场需求的游戏，并提升游戏的商业成功率。

以上是学习游戏设计所需的一些基础知识，当然还有很多其他方面的知识也很重要，比如项目管理、团队协作等。不断学习和实践是提升游戏设计能力的关键。

2.1.2　避免含糊不清的问题

请确保问题不含糊不清。含糊不清的问题将使 AI 模型更难理解，因此，其回答可能不够准确。例如，如果你想问"哪一家餐厅最好"，请具体地描述你需要什么类型的餐厅、在哪个地区等。

以下是一些有效和无效的提示。

有效提示：

我想了解气候变化的影响和解决方案，能给我一些信息吗？

能解释一下区块链技术的原理和应用吗？

我想知道有关人类大脑和记忆的科学研究，能给我一些资料吗？

能否提供一些关于网络安全最佳实践和防护措施的信息？

我对量子计算感兴趣，能给我列出一些关于量子计算的基础知识吗？

请说明人类与机器之间的自然语言处理的挑战和应用。

我想了解有关人类基因组研究的最新进展和影响，能给我一些信息吗？

能否解释一下运动科学中肌肉生长和恢复的原理？

我想了解虚拟现实技术的发展和应用，能提供一些相关资料吗？

能给我一些关于数据分析和可视化的工具与技术的建议吗？

无效提示：

我今天过得如何？

你是一个机器人吗？

你有家人吗？

给我一个幸运数字。

说说你对爱情的看法。

为什么天空是蓝色的？

你能帮我完成作业吗？

为什么狗会汪汪叫？

能否帮我写一篇英文论文？

说说你对世界和平的看法。

　　有效的提示通常包含特定的问题或主题，以帮助 AI 模型理解使用者的意图，并提供有价值的回答。无效的提示通常是没有明确问题或主题的，或者要求 AI 模型完成无意义或超出其能力范围的任务。因此，使用者应该尽可能地使用有效的提示，以获取最佳的回答。

2.1.3　确保问题完整

　　确保问题完整且包含所有必要的信息。如果问题不完整，AI 模型可能无法提供有用的回答。例如，如果你想问某个地方好不好玩，请确定你已经提供了这个地方的信息。示例如下。

提示　　洱海好不好玩？

✳ AI 回答

　　洱海非常好玩，它是一个自然景观优美、文化底蕴深厚的旅游地，其因丰富的活动选项和多样的景点吸引着不同类型的游客。以下是支持洱海好玩的几个关键理由。

　　1. 自然风光：洱海以其宁静辽阔的湖面、清澈的湖水、巍峨的苍山以及变化多端的天空景色闻名。不论是欣赏日出、日落，还是在湖边静观云卷云舒，都能让人沉浸在大自然的壮丽与宁静之中。

　　2. 人文景观：洱海周边分布着众多具有历史和文化价值的景点，如崇圣寺三塔、三塔倒影公园、大理古城等。这些地方承载着白族文化和南诏古国历史，为游客提供了深入了解当地人文历史的去处。

　　3. 户外活动：环洱海骑行是备受欢迎的体验项目，尽管全程距离较长且路面有起伏，但沿途的美景和亲近自然的感觉让骑行过程充满乐趣。此外，徒步、游船观光、摄影、写生等也是游客在洱海享受休闲时光的常见方式。

4.住宿体验：洱海边有许多客栈和酒店，如双廊、才村等地提供面朝洱海的住宿选择。在这样的环境中醒来，感受诗意生活，是许多人向往的度假体验。

5.美食民俗：作为白族人民的母亲湖，洱海周边的小镇如喜洲、双廊等，除了有美丽的风光，还以地道的白族美食和独特的民俗文化吸引游客。品尝白族三道茶、酸辣鱼等特色菜肴，参与当地的节日庆典或手工艺体验，可以让旅程更加丰富多彩。

6.游客口碑：根据网络上的点评、游记和攻略，多数游客对洱海给予了积极的评价，认为其风景优美、值得一游，且有不少人分享了他们在洱海的美好回忆和愉快体验。

综上所述，无论是从自然风光、人文景观、户外活动、住宿体验、美食民俗，还是游客口碑来看，洱海无疑是一个非常好玩的旅游地。无论是寻求放松休闲、喜爱文化探索的人，还是户外运动爱好者，都能在洱海有符合自己兴趣的旅行体验。

2.1.4　清楚表达意图

务必明确表述意图。由于AI模型是基于大语言模型的系统，所以它需要通过确切的语言才能理解问题。例如，若你想问"那里好玩吗？"请务必明确你所指的地方，否则，AI模型将无法提供针对特定地点的游玩建议。提供模糊不清的问题将无法得到令人满意的答案，示例如下。

提示

那里好玩吗？

AI回答

很抱歉，你的问题"那里好玩吗？"缺乏具体的地点信息。世界上有无数的旅游景点、城市、国家和地区，每个地方都有其独特的风景、文化、娱乐活动等，所以好玩与否很大程度上取决于你所指的具体目的地。

如果你能提供更详细的地点名称（比如某个城市、景区、公园、度假村等），我将非常乐意为你提供关于该地的详细信息，包括其特色景点、美食、文化活动、户外探险、购物体验等，帮助你判断那里是否符合你对好玩的定义。同时，如果你有特定的兴趣爱好（如历史、艺术、户外运动、美食探索等），也请一并告诉我，这样我可以为你提供更具针对性的建议。

期待你提供更具体的信息，让我帮你更好地了解那个地方是否好玩。

综上所述，为确保AI模型能够准确理解提问的意图并提供有针对性的回答，建议在提问时保持问题的明确性和简洁性。

2.2　提高内容准确度的提示技巧

在设计提示时，提高内容准确度是至关重要的。以下是一些有效的提示技巧，可以帮助 AI 模型提高生成内容的准确性。

使用具体和明确的问题描述可以帮助 AI 模型更好地理解提示的内容。举个例子，如果我们想要获得关于某个城市的天气信息，模糊的问题描述如"天气怎么样"并不明确，因为它没有提供具体的城市名称。相反，更具体和明确的问题描述如"上海市的天气如何"可以帮助 AI 模型准确地理解提示的目标，并提供相关的回答。

提供足够的上下文信息是提高内容准确度的关键。例如，要获得一部电影的评价，可以提供电影的名称、导演和主演等相关信息，这样能帮助 AI 模型生成准确的评价。

校对和校验是提高内容准确度的重要步骤。在设计好提示后，AIGC 提示工程师应仔细审查和验证内容是否准确无误，如有错误，需进行修改以提高质量。

2.2.1　上下文的定义和作用

在 AI 模型中，上下文是指当前对话的主题和相关信息。上下文对 AI 模型理解对话的背景和意图至关重要。举例来说，如果上下文涉及旅行，AI 模型可能会根据这个上下文生成与旅行相关的对话内容。合理的上下文在确保 AI 模型生成恰当回应的同时，能够提供更准确和连贯的对话体验。

提词

我想去北京故宫参观。

※ AI 回答

北京故宫，又称紫禁城，是中国明清两代的皇宫，是世界上现存规模最大、保存最完整的木结构宫殿建筑群。如果你计划去这里参观，以下是一些建议和注意事项。

1. 购票：你可以通过故宫官方网站或者其他在线旅游平台提前购买门票。有时候，故宫会限制每日的参观人数，所以提前购票是明智的选择。

2. 开放时间：故宫全年开放，开放时间按照淡、旺季会有所改变，遇到法定假期也会延长或缩短开放时间，请随时注意官方网站的公告。

3. 穿着与装备：北京的天气变化较大，夏天炎热，冬天寒冷。建议根据季节穿着合适的衣物，并穿着舒适的鞋子，因为参观故宫需要步行很长的距离。

4. 参观路线：故宫分为外朝和内廷两部分，有众多的宫殿和展览。你可以从午门开始，按照中轴线参观，这是经典的路线。如果时间充裕，可以探索东西两侧的宫殿。

5. 导览服务：故宫提供中英文导览器租赁服务，你也可以选择下载官方的故宫导览 App，以便更好地了解展品和历史。

6. 安全与规则：请遵守故宫的参观规则，不要触摸展品，不要在禁止拍照的区域拍照，不要吸烟，不要携带大型背包和危险物品。

7. 周边景点：除了故宫，北京还有许多其他知名景点，如天安门广场、景山公园、王府井大街等，你可以一并参观。

8. 饮食：故宫内有一些餐饮服务点，但选择有限且价格可能较高。你可以选择在进入故宫之前在外面就餐，或者带一些简单的零食和水。

9. 住宿：如果你距离故宫较远，可能需要提前预订附近的酒店等。

10. 交通：故宫位于北京市中心，交通便利。

总之，建议你在参观前查看最新的参观信息和规定，因为政策和安排可能会有所变动。祝你在北京故宫有一个愉快的参观体验！

提示　请给我从上海出发的交通建议。

AI 回答

从上海出发参观北京故宫，你可以选择以下几种交通方式。

1. 飞机：最快捷的方式是乘坐飞机。上海有两个主要机场——浦东国际机场和虹桥国际机场。两个机场都有直飞北京的航班，通常降落在北京首都国际机场或北京大兴国际机场。飞行时间大约是 2.5 小时。到达北京后，你可以乘坐公共交通工具前往故宫。

2. 高速火车：如果你选择火车旅行，从上海到北京的高速火车是一个不错的选择。旅程大约需要 4.5～6 小时，具体取决于火车类型和停靠站数量。上海虹桥站是发车的主要火车站。到达北京后，你可以乘坐地铁或出租车前往故宫。

3. 普通火车：除了高速火车，还有普通的快速火车和慢车，这些火车的旅行时间较长，但票价相对便宜。

4. 长途汽车：虽然长途汽车不是常见的选择，但你也可以选择。这种方式通常花费较少，但耗时较长，且舒适度相对较低。

5. 自驾：如果你喜欢自由行，可以选择自驾。从上海到北京大约 1200 千米，需要 12～15 小时，途中会经过多个城市和多条高速公路。

无论选择哪种交通方式，都建议你提前规划行程并预订机票或车票。在旅游高峰季节，尤其是春节、国庆节等假期，票务可能会很紧张。

到达北京后，你可以乘坐北京的公共交通工具前往故宫。故宫位于北京市中心，周边交通便利，多个地铁站点可到达附近，如天安门东、天安门西、王府井等站点。

2.2.2　不可或缺的背景信息

背景是对话中的环境和条件，如时间、地点、文化背景等。在对话中，背景扮演重要角色，帮助 AI 模型生成更准确、自然的内容。与 AI 模型进行对话时，应考虑以下 3 点。

（1）提供清晰上下文：明确指出当前主题和相关信息，帮助 AI 模型理解对话背景。

（2）考虑背景信息：考虑时间、地点、文化背景等因素，生成更精确、自然的内容。

（3）利用对话历史：长时间对话时，使用已有对话历史维护上下文和背景信息，协助 AI 模型理解对话背景。

2.2.3 避免使用模糊或歧义性的词语

在向 AI 模型提问时，请尽量避免使用模糊或歧义性的词语，以免引起误解或混淆，导致 AI 模型提供不准确或无法理解的回答。以下是一些常见的针对模糊或歧义性词语的解决方法。

一、避免使用歧义性的代词和名词

AI 模型使用代词和名词来指代先前提到的事物是很常见的。然而，如果这些代词或名词存在歧义，可能会导致 AI 模型无法准确理解问题和提供回答。例如，"它"或"这个"可以指代不同的事物，所以在上下文中需要明确说明具体是指什么。

提示　请推荐我所住地方附近的旅游景点。

AI 回答

为了给你推荐准确的周边旅游景点，请你先告诉我你目前所居住的城市或地区，这样我可以根据你的位置信息为你筛选出附近值得游览的景点。如果你希望保持匿名或者不愿透露具体位置，也可以提供一个大致的地理区域（如省份、城市群）信息或者告诉我你对某种类型景点（如自然风光、历史文化、亲子娱乐等）的兴趣，我将基于这些信息为你提供相应的建议。

你可以明确指出事物的名称，或在问题中提供更详细的描述，以解决歧义性问题。

提示　请推荐北京市西直门外大街附近的旅游景点。

AI 回答

在北京市西直门外大街附近有一些知名的旅游景点和文化地标，以下是其中一些。

1. 颐和园：颐和园是中国最知名的皇家园林之一，位于北京市西郊。它以优美的园林景观和丰富的历史文化而闻名于世，是游览北京的必去之地。

2. 北京动物园：北京动物园在距离西直门外大街不远的地方，在这里你可以观赏到各种珍稀动物，包括大熊猫。

3. 北海公园：北海公园是一个历史悠久的皇家园林，位于西直门外大街北边不远的地方。公园内有美丽的湖泊、古老的建筑和传统的园林景观，是散步和放松的好地方。

4. 中国国家图书馆：如果你对历史和文化感兴趣，中国国家图书馆是一个值得一游的地方。它收藏了大量珍贵的文献，是中国最大的图书馆之一。

5. 中央电视塔：中央电视塔是北京的标志性建筑之一，位于西直门外大街附近。你可以登塔俯瞰北京的全景，并在塔上的旋转餐厅享用美食。

希望以上景点能为你的旅行增添一些精彩的体验！

二、避免使用模糊的形容词和副词

在阐述相关事物时，建议避免使用含混不清的形容词或副词，例如"非常大"等。因为此类词汇的具体含义可能因个体理解差异而产生分歧，进而给 AI 模型的理解带来困扰。为了克服这一问题，我们推荐采用明确且具体的形容词和副词。这种表述方式能提供更确切的描述，有助于 AI 模型精准地理解提问的意图。

三、避免使用容易混淆的多义词

多义词指的是在不同上下文中可能具有不同含义的词语。例如，英文单词"bank"可以指银行，也可以指河岸。向 AI 模型提问时使用多义词可能导致理解上的混淆。解决方法是在使用多义词时，提供更多信息和描述来协助 AI 模型确定其含义。

四、避免使用难以理解的缩写或术语

缩写或术语通常仅在特定领域或专业知识中使用，这可能会让 AI 模型感到困惑。当使用缩写或术语时，请确保 AI 模型能够理解其含义。为了让 AI 模型理解缩写或术语，可以采取以下方法。

（1）解释缩写或术语。在使用缩写或术语之前，先提供其完整解释或描述。这样有助于 AI 模型理解其意思。

（2）提供上下文。在使用缩写或术语时，提供相关的上下文信息，以帮助 AI 模型对其含义进行推断。例如，如果你在谈论医学，使用术语"CT 扫描"时，可以提供相关的背景信息，例如"CT 扫描是一种医学影像技术，用于检查内部器官结构"。

（3）调整用语。如果 AI 模型多次无法理解特定的缩写或术语，可考虑使用更常见且容易理解的词语或短语。这有助于提高沟通的流畅度。

请注意，确保 AI 模型准确理解指示至关重要。在对话过程中，适时提供解释和上下文信息，有助于提升对话的精确性和流畅性。

2.2.4 适当使用同义词

在与 AI 模型对话交流时，为提高沟通表达的精准性和流畅性，使用同义词是一种有效的方法。在实践中，我们常使用不同的词来传达相同的理念或观点，而 AI 模型在处理这类语义相近但表达各异的词时，可能会产生理解上的偏差。因此，建议在向 AI 模型提问时，通过使用同义词来表达相同或相近的含义，以优化其理解效果。

举例来说，如果你想询问一个关于汽车的问题，可以使用"轿车""小汽车"这些同义词，应避免使用表面相似但意义不同的词语，例如"汽车"和"车辆"。

适当使用同义词不仅有助于提高 AI 模型的理解能力，还能提高回答的准确性，使得回答更加符合需求。因此，在与 AI 模型对话时，适当地使用同义词是一个有效的策略。

2.3 理解 AI 模型期望的输入格式

要确保高效利用 AI 模型，关键在于明确并遵循其期望的输入格式。各种 AI 模型对输入格式的需求可能大相径庭，因此在运用特定 AI 模型前，理解其期望的输入格式至关重要。

处理多轮对话和上下文是确保与 AI 模型进行高效交互的关键环节。以构建一个对话助手为例，用户可能会连续提出多个问题或表达不同的观点。在这种情况下，将前一轮对话的内容纳入考量，以提供完整的上下文环境，将极大地提高 AI 模型的理解能力，并使其产生更具连贯性的回答。这一做法对提升使用体验和交互效果至关重要。

为了确保 AI 模型能够按照预期生成回答，我们可以利用特定的标记和指令来引导其输出。这些标记和指令可以融入提示之中，明确告知 AI 模型在回答时需关注的重点或应遵循的特定格式。以历史事件为例，若你希望 AI 模型就此提供回答，你可在提示中明确指出："请阐述这一艺术流派的特点。"通过此类具体指令，AI 模型将更容易领会提问的意图，从而给出符合期望的回答。

提示

> 请阐述"印象派"这一艺术流派的特点。

❄ AI 回答

> 印象派是 19 世纪在法国兴起的一个重要艺术流派，它以独特的风格和对光与色彩的敏锐捕捉而著称。印象派艺术家们追求在作品中表达他们对外部世界的直接感受，而非传统意义上的精确描绘。他们倾向于户外写生，捕捉不同时间和天气条件下的光影变

化，以及这些变化如何影响自然景观和城市景象。印象派画作通常采用明亮的色彩，快速而自由的笔触，强调画面的整体效果而非细节的刻画。这种对瞬间感觉的捕捉和表现方式，使得印象派的作品充满了生动性和生活气息，为后来的现代艺术发展开辟了新的道路。

了解 AI 模型的限制和局限性是非常重要的。AI 模型是根据训练数据中的模式和统计信息生成回答的，因此它可能存在一些限制。例如，它可能缺乏常识判断能力，导致生成的回答可能不符合现实情况，或者它可能容易受到误导而生成不准确的回答。

因此，在与 AI 模型进行对话时，我们应该谨慎评估其生成的回答，并根据需要进行修改和调整。此外，我们还应该认识到 AI 模型的局限，这样我们就能更好地与其进行沟通和协作。我们可以利用 AI 模型的强项（例如，生成创意性的内容）让其生成内容，同时避免让 AI 模型尝试解答超出其能力范围的问题。

总的来说，通过理解 AI 模型期望的输入格式，我们能够更有效地与 AI 模型进行互动。通过处理多轮对话和上下文，使用特殊标记和指令，并认识 AI 模型的局限，我们可以更好地引导其生成准确、合理且符合预期的回答。

2.4　提高与 AI 模型沟通效果的技巧

为了帮助你与 AI 模型更有效地沟通，以下是提高与 AI 模型沟通效果的技巧。

（1）提供明确的上下文信息。在提示中提供清晰且具体的上下文信息能帮助 AI 模型理解问题的背景和前提。例如，提供特定事件或先前对话的关键细节，让 AI 模型更好地理解问题。

（2）指定期望的回答格式和风格。明确指定回答的格式和风格，以便 AI 模型生成符合要求的内容。可以要求 AI 模型以列表形式回答，使用正式措辞或专业术语回答。

（3）适应 AI 模型的预测能力。AI 模型倾向于生成高频词汇和常见答案。为了引导 AI 模型生成多样化和创新的回答，可以要求其提供非传统的解决方案或进行更深入的思考和推理。

（4）处理困惑和不确定性。AI 模型可能会困惑或不确定，导致生成不完整或不准确的回答。在这种情况下，可以提供更多关联信息、明确指示其采取特定行动，或要求其提供更多解释，以解决问题。

（5）建立迭代与反馈机制。要想提高与 AI 模型沟通的效果，就必须不断地对提示进行迭代和改进。迭代是一种重复性的反馈过程，旨在逐步逼近并最终达成所设定的目标。可以依据 AI 模型的回答来评估其准确性与适用性，进而进行必要的修正，并提供清晰、具体的反馈。通过与 AI 模型持续的互动与调整，可以逐步提升回答的质量和效果。

2.5 8 个高效提示技巧

好的提示具有结构良好和主题明确的特点，这有助于 AI 模型更好地理解使用者的意图，并提供准确且有用的回答。

2.5.1 限制语言

在使用 AI 模型时，可以在提示中明确指定所需的语言，如中文、英文或德文等。

举例来说，如果想要 AI 模型以中文进行回答，可以在提示中注明："请确保以下回答内容使用中文。"这有助于确保 AI 模型准确理解提示并满足用户的需求。

2.5.2 说明输出内容的形式

当使用 AI 模型时，我们可以通过指定特定的形式或格式，来引导其以我们期望的方式呈现输出内容。这可以使我们更有效地控制生成结果，并使其更符合我们的需求和期望。以下是一个例子，详细说明了如何指示 AI 模型使用表格形式来生成我们需要的结果。

> **提示**
>
> 请对以下英文缩写进行中文翻译。
> （表格式，column = 英文缩写，英文全称，中文翻译）WHO、IMF、ECFA、MVP

✹ AI 回答（见表 2-2 ）

表 2-2

英文缩写	英文全称	中文翻译
WHO	World Health Organization	世界卫生组织
IMF	International Monetary Fund	国际货币基金组织
ECFA	Economic Cooperation Framework Agreement	海峡两岸经济合作框架协议
MVP	Most Valuable Player	最有价值球员

2.5.3 利用标签引导对话

在与 AI 模型进行对话时，使用标签是关键之一，可引导 AI 模型针对特定主题进行回答。标签在对话中扮演指示的角色，帮助 AI 模型更好地理解使用者的意图并提供相关的回答。以下是一个示例，展示了如何使用标签来引导对话。

> **提示**
>
> 请介绍一些世界知名的科技创新案例。
> #人工智能

✲ AI 回答

以下是一些世界知名的科技创新案例，特别是聚焦于人工智能领域。

人工智能在交通领域的创新案例

• 特斯拉电动汽车与自动驾驶技术：特斯拉不仅以其电动汽车技术著称，还在自动驾驶领域取得了显著成果。特斯拉的自动驾驶系统通过搭载激光雷达、摄像头、毫米波雷达等设备实现对周边环境的感知，结合高精度地图和算法，实现汽车自主行驶。这一技术不仅提升了驾驶的安全性，还推动了汽车行业的智能化转型。

人工智能在医疗领域的创新案例

• 智能诊断系统：谷歌的 DeepMind 公司开发了一款名为 Streams 的医疗应用，它能实时监测患者的生命体征，发现异常情况并及时预警。此外，我国的部分企业也成功研发了辅助诊断系统，通过深度学习技术辅助医生进行诊断和治疗方案制定，显著提升了诊断的准确率和效率。

人工智能在金融领域的创新案例

• 智能投顾与风险控制：蚂蚁金服的"蚂蚁智能金融"平台利用大数据和人工智能技术为用户提供个性化的理财建议。同时，通过分析用户表现数据实现对风险的实时监控和预警。这种智能化的金融服务不仅提升了用户体验，还增强了金融系统的稳定性。

人工智能在教育领域的创新案例

• 个性化教学平台：如猿辅导公司开发的"猿辅导在线教育平台"，利用人工智能技术分析学生学习情况，为学生提供个性化的学习方案。这有助于提升教育品质，实现因材施教。

人工智能在农业领域的创新案例

• 智能种植系统：我国科研团队研发的"农业大脑"系统通过无人机、物联网等设备实时监测农田环境，为农民提供种植建议。这有助于提升农业产量、减少生产成本，推动农业的智能化发展。

人工智能在科研领域的创新案例

• 智能计算赋能快速射电暴和脉冲星搜索：之江实验室与中国科学院国家天文台合作，利用人工智能技术对大规模 500 米口径球面射电望远镜（FAST）天文观测数据进行了深度分析和处理，显著提升了快速射电暴与脉冲星的搜索效率和精度。这一案例展现了人工智能在科研领域的巨大潜力。

这些科技创新案例不仅推动了人工智能技术的发展和应用，还深刻改变了人们的生活方式和工作方式，为社会的进步和发展注入了新的活力。

使用标签"#人工智能"可以让 AI 模型知道使用者询问的是与人工智能相关的问题。这样 AI 模型能够提供相关回答，确保内容与"人工智能"相关。

标签的好处是限制 AI 模型回答的范围，使其专注于特定的主题。然而，需要注意的是，标签仅是指示，AI 模型仍可能因语言的模糊或其他因素而生成不确定的回答。因此，在使用标签时，仍需谨慎审查和确认 AI 模型的回答，以确保其准确性和适用性。

标签不仅可用于引导对话，还可用于执行特定任务，例如问答、翻译、摘要等。对于问答任务，可以使用标签指定问题和回答的格式，让 AI 模型能够正确回答问题。以下是一个问答的例子。

> **提示**
>
> #一问一答
> 什么是聊天机器人？
> 什么是 ChatGPT？
> 什么是 Power BI？

❋ AI 回答

> 聊天机器人是一种人工智能程序，能够模拟人类对话，通过自然语言处理技术理解用户输入的文本，并做出相应的回复或执行任务。聊天机器人可以用于各种场景，包括用户服务、教育、娱乐等。
>
> ChatGPT 是由 OpenAI 开发的一款聊天机器人程序，基于 GPT（Generative Pre-trained Transformer，生成式预训练变换器）架构构建。它使用深度学习技术对大规模文本数据进行训练，从而能够理解和生成自然语言文本。它具有一定的对话能力，并能够回答各种问题、提供建议等。
>
> Power BI 是一款由微软开发的商务智能工具，用于将数据转化为易于理解的可视化报表和仪表板。它可以从各种数据源中提取数据，并通过丰富的可视化方式展示数据分析结果，帮助用户更好地理解数据、发现趋势、做出决策。Power BI 可以用于企业的数据分析、报告制作、智能业务等方面。

在这个例子中，标签"#一问一答"指示 AI 模型如何回答提示所列出的问题，如果不满意这样的回答方式，还可以让 AI 模型提供表格式的输出外观，例子如下。

> **提示**
>
> #一问一答
> 什么是聊天机器人？
> 什么是 ChatGPT？
> 什么是 Power BI？
> （表格式，column = 问题，回答内容）

✳ **AI 回答（见表 2-3）**

表 2-3

问题	回答内容
什么是聊天机器人？	聊天机器人是一种人工智能程序，能够模拟人类对话，通过自然语言处理技术理解用户输入的文本，并做出相应的回复或执行任务。聊天机器人可以用于各种场景，包括用户服务、教育、娱乐等
什么是ChatGPT？	ChatGPT 是由 OpenAI 开发的一款聊天机器人程序，基于 GPT（Generative Pre-trained Transformer，生成式预训练变换器）架构构建。它使用深度学习技术对大规模文本数据进行训练，从而能够理解和生成自然语言文本。它具有一定的对话能力，并能够回答各种问题、提供建议等
什么是Power BI？	Power BI 是一款由微软开发的商务智能工具，用于将数据转化为易于理解的可视化报表和仪表板。它可以从各种数据源中提取数据，并通过丰富的可视化方式展示数据分析结果，帮助用户更好地理解数据、发现趋势、做出决策。Power BI 可以用于企业的数据分析、报告制作、智能业务等方面

2.5.4 限制回答内容的字数

可以使用字数限制来控制 AI 模型生成回答的长度。下例中要求 AI 模型生成关于"人工智能的意义"的两个人的简短对话，总字数在 200 字以内。

提示

请帮我写一篇 200 字以内的关于"人工智能的意义"的两个人的简短对话，在对话结束后，出一个和这个对话内容有关的问题，这个问题有 A、B、C、D 4 个选项，最后请给我这个问题的答案。

✳ **AI 回答**

A：你觉得人工智能对我们的生活意味着什么？

B：我认为人工智能的发展将彻底改变我们的生活方式，提高生产力和效率，但也带来了一些挑战，比如就业和隐私问题。

A：对，我也有同感。你觉得人工智能最大的意义是什么？

B：我认为人工智能最大的意义在于它能够帮助我们解决许多复杂的问题，推动科学技术的发展，为人类带来更多的便利和可能性。

问题：人工智能的发展给社会带来的最大影响是什么？

A.提高生产力和效率

B.解决复杂问题

C.带来就业问题

D.威胁个人隐私

答案：B.解决复杂问题

2.5.5　提醒 AI 模型不需要重复问题

在向 AI 模型提问时，它偶尔会重复问题。针对此情形，我们可明确指示 AI 模型避免重复问题，直接呈现内容，以提高交流效率。

> 🤖
> **提示**
>
> 请帮我写一篇300字左右的阅读理解文章，主题是"健康生活方式的好处"，并制作3道选择题，每道题有4个答案选项，最后请给我这些选择题的答案。请直接写文章内容，不要重复写出主题的名称。

✳ AI 回答

拥有健康生活方式的人们，无疑在身体、心理及生活质量上都享有显著优势。首先，合理的饮食习惯，如营养摄入均衡、控制热量、减少摄入脂肪与糖分，有助于预防各类慢性疾病，如心脏病、糖尿病及肥胖症，增强免疫力，延长寿命。其次，定期进行体育锻炼，不仅能够塑造健美体形，提高心肺功能，也能有效缓解压力，提高睡眠质量，提升精神状态。最后，保持良好的作息规律，确保睡眠充足，有利于身体各系统修复与再生，提高工作效率，降低患抑郁症和焦虑症的风险。此外，避免饮酒过度，保持积极心态，培养兴趣爱好，也是健康生活方式的重要组成部分，它们能增进人际交往，丰富精神世界，使生活充满乐趣与意义。综上所述，健康生活方式为人们带来了多种益处，是实现身心健康、提升生活质量的基石。

选择题：

1. 合理的饮食习惯有助于预防以下哪种疾病？

A. 心脏病 B. 糖尿病 C. 肥胖症 D. 以上皆是

2. 定期进行体育锻炼有哪些好处？

A. 塑造健美体形 B. 提高心肺功能 C. 缓解压力，改善睡眠 D. 以上皆是

3. 保持良好的作息规律对身体有何益处？

A. 促进身体各系统修复与再生 B. 提高工作效率 C. 降低患抑郁症和焦虑症的风险 D. 以上皆是

答案：1. D；2. D；3. D

2.5.6　使用引号来强调重点

使用引号可以强调问题中的关键词，使问题更加清晰明确，同时引起读者对重要信息的关注，示例如下。

- 你是否真正"理解"这个概念？

这个问题中的引号强调了"理解"这个词，表明你对对方是否真正理解该概念有所怀疑。

- 你是否认为这项政策是"公正"的？

这个问题中的引号强调了"公正"这个词，意味着你想要了解对方是否认为该政策真的公正。

> **提示**
>
> 你是否认为"人工智能"对人类只有好处，没有坏处？

AI 回答

作为一个人工智能模型，我可以提供一些观点，但我不具备观点或价值判断能力。关于人工智能对人类的影响，有许多不同的观点和看法。

人工智能的发展和应用可以带来许多好处，具体如下。

1. 自动化：人工智能可以自动完成许多重复性、烦琐的任务，从而节省时间和资源，提高效率。

2. 医疗保健：人工智能在医疗诊断、治疗方面的应用可以提高医疗水平，帮助医生更准确地诊断疾病，制定更有效的治疗方案。

3. 教育：人工智能可以帮助学生学习，根据其学习习惯和能力提供个性化的教育内容。

4. 安全：人工智能可以用于监控和预防犯罪、识别安全威胁等，提高社会安全水平。

然而，人工智能也存在一些潜在的风险和挑战。

1. 就业影响：人工智能可能导致部分传统工作岗位的消失，因此需要采取措施来帮助受影响的人重新就业或转岗。

2. 隐私问题：人工智能需要大量数据来训练模型，因此可能涉及个人隐私，需要加强数据保护和采取隐私保护措施。

3. 偏见和歧视：人工智能可能受到数据偏见的影响，导致对某些群体或个体的歧视，因此需要采取措施来减少偏见和歧视。

综上所述，人工智能对人类的影响是复杂多样的，既有好处也有坏处。重要的是在推动人工智能发展的同时，及时应对其潜在风险，确保其发展能够最大限度地造福人类。

2.5.7　自行提供模板给 AI 模型参考

通过为 AI 模型提供特定的模板，我们可以精确地指导其输出内容，确保生成的回答符合我们的预期。这种方法不仅增强了回答的精确性和一致性，还赋予了我们更大的控制权。接下来，我们将通过一个实例来学习如何运用模板引导 AI 模型生成所需的回答。掌握这一技巧后，我们将能够更有效地利用 AI 模型生成满足特定需求的内容。

提示

请以虚拟人物的资料模拟以下撰写风格，设计出一份可以让我修改内容的简历。

姓名：[你的姓名]

联系方式

电话：[电话号码]

电子邮件：[电子邮件地址]

最高学位：

[学校名称]，[学位]，[专业]，[毕业时间]

近期工作经历：

[公司名称]

职位：[职位名称]

工作时间：[起始日期]—[结束日期]

[公司名称]

职位：[职位名称]

工作时间：[起始日期]—[结束日期]

语言特长：

编程特长：

其他：

❈ AI 回答

姓名：张三

联系方式

电话：138×××××××××

电子邮件：zhangsan@××.com

最高学位：

北京大学，硕士学位，计算机科学与技术，2015年6月

近期工作经历：

1. 阿里巴巴集团 职位：高级软件工程师 工作时间：2019年7月至今

● 参与并主导了多个大型电商平台核心功能开发与优化项目，提升了系统性能和用户体验。

● 与产品、运营团队紧密协作，通过数据分析与用户反馈，持续迭代产品功能，助力业务增长。

● 熟练运用微服务架构进行系统设计与重构，有效提高了系统的可扩展性和稳定性。

2. 腾讯科技有限公司 职位：软件开发工程师 工作时间：2015年7月—2019年6月

● 参与QQ音乐客户端的开发与维护工作，负责音频播放、推荐算法等功能模块的实现与优化。

● 使用敏捷开发方法，快速响应市场需求，成功完成多个版本迭代，提升产品市场占有率。

● 定期进行代码审查与技术分享，促进团队技术能力提升与知识沉淀。

语言特长：

● 英语：具备较强的英语听说读写能力，托福 105 分

● 日语：具备基础的日语沟通能力

编程特长：

● 熟练掌握 Java、Python、JavaScript 等编程语言

● 精通 Spring Boot、MyBatis 等后端开发框架，以及 React、Vue.js 等前端开发框架

● 有丰富的数据库设计与优化经验，熟练使用 MySQL、Redis 等数据库

● 熟悉 Docker、Kubernetes 等容器化与云原生技术

● 对机器学习有一定了解，能运用 TensorFlow、PyTorch 进行基础模型开发

其他：

● 具备良好的团队协作精神与沟通能力，善于在压力下解决问题

● 对人工智能、大数据等领域保持高度关注，热衷于新技术的学习与实践

2.5.8　比较中文提示和英文提示的差异

提示是引导 AI 模型生成回答的关键要素，在中文语境和英文语境下存在一定的差异。为了在不同语言环境下获得更优质的回答，了解这些差异至关重要。以下将对中文和英文提示的使用进行详细比较，以帮助大家获取更为准确和丰富的回答。

提示

What is responsive web page?

AI 回答

Responsive web page is a type of web page that adjusts its layout and elements dynamically based on the size and orientation of the user's screen or browser window. The goal of responsive web design is to ensure that a website looks good and functions well across a variety of devices and screen sizes, including desktop computers, laptops, tablets, and smartphones.

Responsive web page use techniques such as flexible grids and layouts, fluid images, and media queries to adapt the presentation of content to different screen sizes and resolutions. This approach enables the content to reflow and rearrange itself in a way that maintains usability and readability regardless of the device being used to access the website.

By implementing responsive design principles, web developers can create a seamless and consistent user experience across a wide range of devices.

随后，你可将本问题的回答复制并粘贴至翻译工具中，设置翻译方向为由英文翻译至中文，即可快速获得中文版本的回答，从而更加便捷地理解相关内容。此外，你也可直接在 AI 模型中继续输入如下提示。

提示

什么是响应式网页？

AI 回答

响应式网页是一种根据用户屏幕或浏览器窗口大小和方向动态调整布局和元素的网页。响应式网页设计的目标是确保网站在各种设备和屏幕尺寸下都能良好地显示和运行，包括台式电脑、笔记本电脑、平板电脑和智能手机。

响应式网页利用灵活的网格和布局、流式图像以及媒体查询等技术，根据不同的屏幕大小和分辨率调整内容的呈现方式。这种方法使得内容能够重新排列和调整，以保持在不同设备上的可用性和可读性。通过实施响应式设计原则，网页开发人员可以在各种设备上创建出无缝和一致的用户体验。

2.6 以人物背景设定来提高内容准确性

在使用 AI 模型时，为它提供精准的人物背景设定是至关重要的。通过向 AI 模型提供相关背景信息，我们可以帮助它更加深入地理解问题，从而使其给出更加准确的回答。这些背景信息涵盖了职业、兴趣、教育经历和社交网络等多个方面，有助于 AI 模型更好地理解我们的语言表达和思考方式。

本节详细介绍了资深律师、资深 HR 以及直播话术专家这 3 种人物背景设定。

2.6.1 人物背景设定：资深律师

本小节将讨论一种特定的人物背景设定：资深律师。资深律师拥有丰富的法律知识、案件处理经验和法庭辩论技巧，对于涉及法律咨询、案件分析和司法程序的对话，提供资深律师的背景设定将非常有价值。通过深入了解资深律师的专业背景，我们可以更好地引导 AI 模型生成相关的法律内容，让其提供专业的法律建议和解决方案。

提示

　　现在你扮演一位有超过 20 年从业经验的中国资深律师，根据我提出的问题"赠与的物品可以要求返还吗"，为我提供专业、全面的法律咨询服务。在回答问题时，请注意遵循保密、合规、客观公正、尽职尽责等原则。你的回答应该是严谨、客观、专业的，你应能够表达自己的意见和建议，并能够引导我正确处理法律事务。

AI 回答

　　根据中国法律，赠与是指赠与人将其财产无偿转让给受赠人的行为。赠与的本质是一种自愿行为，但也受到法律的限制和规范。在一般情况下，赠与是具有法律效力的，受赠人获得了赠与物的所有权，并且赠与人失去了赠与物的所有权。然而，有些情况下，赠与的物品也可以要求返还，但具体情况需根据以下几个方面进行分析。

　　1. 赠与的性质。赠与可以是有条件的或无条件的。如果赠与是有条件的，且受赠人未履行条件，则赠与人有权要求返还。例如，赠与人赠与房屋，但受赠人未履行约定的条件，如在一定期限内居住或使用该房屋，则赠与人有权要求返还房屋。

　　2. 违法的情形。如果赠与行为存在违法情形，例如赠与人在赠与时受到欺骗或胁迫，或者受赠人是无民事行为能力人等情况，赠与行为可能被认定为无效，赠与物品可以要求返还。

　　3. 法律规定的限制。根据《中华人民共和国民法典》的相关规定，赠与合同的撤销条件主要包括：因重大误解、欺诈、胁迫或者赠与财产存在严重瑕疵等情形，赠与人可以请求撤销赠与。同时，如果受赠人明知或应知赠与行为存在上述情形而接受赠与的，赠与人也可以请求撤销赠与。但是，撤销请求应当在知道或应当知道撤销事由之日起一年内提出。此外，根据《中华人民共和国民法典》的相关规定，受赠人在接受赠与后，应当按照约定或者法定的方式使用、管理赠与的财产，不得损害赠与人的合法权益。如果受赠人违反约定或者法律规定，赠与人有权请求返还赠与的财产。但是，如果赠与人已经明确表示放弃返还权的，或者受赠人已经依法处分了赠与的财产，则赠与人不能再主张返还权。

　　因此，赠与的物品是否可以要求返还需根据具体情况综合分析。建议在面临赠与纠纷时，双方先协商解决，如无法协商解决，则寻求法律援助。此外，对于涉及财产交易的法律事务，建议咨询专业律师，以获取更为具体的法律建议和指导。

2.6.2　人物背景设定：资深 HR

　　本小节将讨论另一种具体的人物背景设定：资深 HR。资深 HR 拥有丰富的人力资源管理知识、招聘经验和较强的员工关系处理能力，通过将人物背景设定为资深 HR，我们可以更好地引导 AI 模型生成职场相关内容，让其提供专业的建议。

提示

作为一名资深 HR，我需要一份用于面试 AI 工程师岗位候选人的，实用且易于理解的面试指南。请结合该岗位的具体需求，提供关于评估候选人技能、经验和潜力的建议，以及在面试过程中应该关注的关键点。同时，也请给出在与候选人交流时，用通俗易懂的语言解释复杂 AI 概念的方法。

AI 回答

一、评估候选人技能、经验和潜力

1. 技术能力评估

基础知识：确认候选人对数学（如线性代数、概率论与统计）、编程语言（如 Python、Java）、数据结构与算法的理解程度。可以询问其在实际项目中应用这些知识解决具体问题的经历。

机器学习与深度学习：考查候选人对监督学习、无监督学习、强化学习等核心算法的理解，以及对神经网络架构（如 CNN、RNN）的应用能力。可询问他们在特定场景下选择或设计模型的理由，以及模型训练与调优的过程。

…………

二、面试关键点

…………

三、用通俗易懂的语言解释复杂 AI 概念的方法

…………

通过上述方法，你可以有效地评估 AI 工程师岗位候选人的技能、经验和潜力，同时在面试过程中以易于理解的方式解释复杂的 AI 概念，确保双方能够顺畅沟通，准确评估候选人是否适合所招聘的岗位。

2.6.3　人物背景设定：直播话术专家

本小节将介绍在提示中设定 AI 模型为直播话术专家的情况。将 AI 模型设定为直播话术专家，AI 模型能够提供专业、针对性强的回答，从而为直播带货提供有效的话术。这种定制化的内容创作能够提高直播的质量，增强产品推广的效果，帮助企业取得更好的销售业绩。

提示

你是一个资深的直播话术专家，请以"洗发水"为主题，生成结构化、详细并且包含推销技巧的直播话术。直播话术需要包括开场白、产品介绍、使用方法、独特卖点、针对潜在顾客可能提出的问题预设的回答以及结束语。

✳ AI 回答

（1）开场白：大家好，欢迎来到我们的直播间！今天我要给大家带来的是 ×× 品牌洗发水。你是否因为脱发、头发干枯或者油腻而感到困扰？别担心，这款洗发水将会成为你护发路上的"贴心小棉袄"。

（2）产品介绍：首先，让我介绍一下这款洗发水的基本信息。这款洗发水含有天然植物成分，无硅油配方，能够清洁毛囊，同时滋养每一根发丝。它适合所有类型的发质，无论你是干性、油性还是混合性发质，都能给你带来惊喜的变化。

（3）使用方法：这款洗发水使用起来非常简单。先用温水打湿头发，然后取适量洗发水，在手心轻轻搓起泡沫后均匀涂抹在头发上，轻柔按摩头皮几分钟，最后用清水冲洗干净即可。记住，按摩时要用指腹，不要用指甲哦，这样可以保护头皮免受伤害。

（4）独特卖点：为什么这款洗发水值得你拥有呢？

① 天然植物成分：这款洗发水采用了天然植物成分，不含对头皮有害的化学成分，用起来安全放心。

② 深层清洁：这款洗发水能深入毛囊，清洁油脂和污垢，让你的头发从里到外焕然一新。

③ 长效保湿：这款洗发水不仅清洁力强，还能滋润你的发丝，让你的头发告别干枯毛躁。

④ 防脱增密：长期使用这款洗发水可以有效减少脱发，促进头发生长，让头发看起来更加浓密。

（5）预设回答：我知道大家可能会有下面这些疑问，让我们一起来看看。

Q：这款洗发水适合敏感头皮吗？ A：非常适合。我们的产品经过测试，适合各种肤质。

Q：经常使用这款洗发水会有什么副作用吗？ A：不会的，因为我们采用的是天然植物成分，只要你按照正确的方法使用，就可以安心享受它带来的效果。

Q：我的头发很油，一天不洗就很难受，使用这款洗发水能改善这种情况吗？ A：当然可以。我们这款洗发水的深层清洁能力可以帮助调节头皮油脂分泌，坚持使用，你会发现头发出油的情况得到改善。

（6）结束语：好了，亲爱的朋友们，如果你对我们这款洗发水感兴趣，或者有任何关于头发护理的问题，都可以在直播间留言，我会一一为大家解答。别忘了点击下方的购买链接，给自己买一瓶这样的洗发水，让我们一起守护你的每一根发丝！

第 3 章 常用的提示方法

高效的提示方法至关重要，它们有助于工程师提高工作效率并解决棘手问题。通过恰当的提示方法，工程师能够指导自身思考问题、探索解决方案，乃至激发创新能力。本章将阐述一些常用的提示方法，包括关键字提示法、引导式提示法、类比和比喻提示法，以及探索式提示法。这些方法将助力工程师以更系统化和组织化的方式解决问题，并为工程师提供新的洞察与灵感。

3.1 关键字提示法：点石成金的秘密

关键字提示法是一种基于关键字的提示方法。这些关键字可以是相关技术和特定领域的术语、工具或概念。通过关键字提示法，工程师能够快速理解问题的范畴，并寻找进一步的解决方案。

关键字提示法可以协助工程师利用关键字快速寻找相关信息或知识，为工程师提供方向，协助工程师找到解决问题的相关资源。

例如，工程师在解决一个程序设计问题时，可能需要转换日期格式。关键字提示法可以提醒工程师使用相关的关键字，例如"日期格式转换""日期处理"等，以便工程师在网上搜索相关的程序代码片段或资源。

以下是另一个例子，能进一步说明关键字提示法的应用。

一位工程师正在开发一个网页，需要实现一个动态效果：当用户滚动页面时，某个元素具备淡入效果。工程师知道这需要使用 CSS 和 JavaScript 来实现，但对于具体的实现方法感到困惑。此时，关键字提示法可以帮助他快速寻找相关资源。

工程师可以尝试使用关键字，例如"CSS 滚动时淡入效果"或"JavaScript 滚动事件触发"，向 AI 进行提问。通过这些关键字，工程师可能找到相关的程序代码范例、网络文章、教学影片，这些资源解释了如何使用 CSS 和 JavaScript 实现滚动时的淡入效果，可以协助工程师实现所需的动态效果。

> **提示**
>
> CSS 滚动时淡入效果。

❋ AI 回答部分截图（见图 3-1）

CSS 滚动时淡入效果可以通过 CSS 的过渡（transition）和动画（animation）属性，结合 JavaScript 来实现。以下是一个简单的实现方法。

首先，为目标元素设置 CSS 样式，包括初始透明度和过渡效果。

```css
.fade-element {
  opacity: 0; /* 初始透明度为0 */
  transition: opacity 1s ease-in-out; /* 透明度过渡效果 */
}

.fade-element.visible {
  opacity: 1; /* 完全可见时的透明度 */
}
```

然后，使用 JavaScript 监听滚动事件，并根据滚动位置动态添加或移除类名来改变元素的透明度。

```javascript
window.addEventListener('scroll', function() {
  // 获取需要淡入的元素
  var fadeElement = document.querySelector('.fade-element');
  // 获取滚动位置
  var scrollPosition = window.pageYOffset || document.documentElement.scrollTop;
  // 假设当滚动位置超过某个阈值时开始淡入效果，这里设为200px
  if (scrollPosition > 200) {
    fadeElement.classList.add('visible'); // 添加类名以触发淡入效果
  } else {
    fadeElement.classList.remove('visible'); // 移除类名以恢复初始状态
  }
}
```

图 3-1

　　关键字提示法不仅适用于与程序设计相关的问题，还可以用于寻找技术文件、应用程序接口（API）参考、论坛讨论等。通过适当的关键字，工程师可以快速找到所需的资源，并加速解决问题的过程。

3.1.1　使用关键字建立关键字列表

　　工程师可根据问题的内容，建立一个与问题相关的关键字列表。这些关键字应涵盖问题的主题、相关技术和相关概念，工程师可利用领域知识或专业文献来获取这些关键字。将关键字组织成清晰的列表，可帮助工程师快速找到相关信息以得出解决方案。

提示

我想用 Python 设计一个具有网络爬虫功能和视窗界面的程序，这个程序还可以将搜索结果以互动表单的形式供使用者输入不同参数，再以图表形式呈现，请列出要达成这项任务的关键字，以作为我向 AI 模型下达指令的关键字列表。

❋ AI 回答部分截图（见图 3-2）

要设计一个具有网络爬虫功能和视窗界面的程序，并且这个程序可以将搜索结果以互动表单的方式供使用者输入不同参数，再以图表方式呈现，以下是可能用到的关键字。

1. Python：编程语言名称，用于编写程序。
2. 网络爬虫：自动化程序，用于从互联网上抓取数据。
3. 视窗界面：图形用户界面（GUI），提供可视化操作界面。
4. 互动表单：可交互的表单，供用户输入参数或操作。
5. 图表呈现：将数据以图表形式展示，如柱状图、折线图、饼图等。
6. 数据抓取：从网页或其他数据源中提取所需数据。
7. 数据清洗：对抓取到的数据进行处理，去除无用信息，整理成结构化数据。
8. 数据可视化：将数据以易于理解的方式展示，如图表、图像等。
9. 参数设置：允许用户自定义搜索或数据抓取参数。
10. 用户交互：程序与用户之间的交互，包括输入、输出、反馈等。

当您向 AI 下达指令时，可以结合上述关键字。

- "使用 Python 编写一个程序，该程序具有网络爬虫功能和可视化的视窗界面。"
- "在视窗界面中设计一个互动表单，供用户输入搜索参数。"
- "将网络爬虫抓取到的数据以图表形式在视窗界面中展示。"
- "确保程序能够清洗和整理抓取到的数据，以便进行可视化展示。"
- "程序需要具备良好的用户交互性，能够及时反馈用户操作结果。"

这些指令可以帮助 AI 更好地理解您的需求，并生成符合要求的代码或设计方案。

图 3-2

3.1.2 使用关键字进行搜索

为寻求有效资源，工程师可使用关键字列表进行深入搜索。搜索范围可以涵盖内部知识库、在线文档、专业论坛以及项目程序代码库等。在利用现有搜索引擎或内部工具时，应确保根据关键字精准定位相关信息；随后，对搜索结果进行细致筛选，确保所获取的内容既具有价值又紧密相关；在此基础上，进一步分析和评估这些信息，以找到最佳的解决方案。

提示

请用 Python 设计一个具有视窗界面和网络爬虫功能，允许使用者在互动表单中输入参数的程序，再以 Matplotlib 套件呈现输出结果。

✳ **AI 回答部分截图（见图 3-3）**

要设计一个视窗界面，我们可以使用 Tkinter，这是 Python 的标准 GUI 库。接下来，为了与网络爬虫结合并从网页上抓取数据，我们可以使用 Requests 和 BeautifulSoup。最后，为了用 Matplotlib 呈现数据，我们可以直接在 Tkinter 窗口中嵌入 Matplotlib 图表。

以下是一个简单的示例，说明如何创建这样的程序。

1. 使用 Tkinter 设计视窗界面。
2. 使用 Requests 从网页上获取数据。
3. 使用 BeautifulSoup 解析数据。
4. 使用 Matplotlib 在 Tkinter 窗口中显示数据。

```python
import tkinter as tk
from tkinter import ttk
import requests
from bs4 import BeautifulSoup
import matplotlib.pyplot as plt
from matplotlib.backends.backend_tkagg import FigureCanvasTkAgg

def fetch_data(url):
    response = requests.get(url)
    soup = BeautifulSoup(response.content, 'html.parser')
    # 这里只是一个示例，你需要根据实际的网页结构来解析数据
    data = [float(item.text) for item in soup.select('some_css_selector')]
    return data

```

图 3-3

3.1.3　进行关键字匹配和筛选

工程师可将生成的关键字与搜索结果匹配并进行筛选。根据关键字的相似性、相对重要性或其他标准，评估搜索结果的相关性。工程师应专注于那些最相关且有助于解决问题的信息，过滤掉与问题无关或不相关的信息，以节省时间并提高效率。

这些步骤是在应用关键字提示法时的初始参考。面对不同的问题和语境，你可以对这些步骤进行适当的调整和优化，以获得更理想的效果。

▇ 3.2　引导式提示法：打开 AI 潜能的钥匙

引导式提示法通过提出问题，帮助工程师有序思考并寻求解决方案。这种方法不仅能推动工程师自主思考，还能激发其创造力。通过相关问题的引导，工程师能够深入探究问题细节、分析需求，进而提出创新且有效的解决方案。

3.2.1 提出开放性问题

首先，工程师应当提出一个开放性问题，以引导自我思考并探索可能的解决方案。这个问题应该是有挑战性的且与需要解决的问题相关，同时也需要引导工程师思考需要解决的问题的不同方面。问题应具有启发性，启发工程师探索新的思路和解决方案。

3.2.2 引导思考与讨论

在这个阶段，工程师应深入思考问题的不同方面，并讨论各种可能的解决方案。通过提问和引导，工程师探索不同的思维路线，从不同的角度思考问题。工程师进行深入的思考和分析，以确定可能的解决方案的优缺点，并形成完整的思考框架。

3.2.3 提供相关资源和指导

基于工程师的探讨与思考，系统会根据问题特点和解决需求，自动推荐相关资源与指导给工程师。这些资源包括但不限于研究报告、案例研究及技术指南等，助力工程师深入研究和学习。同时，提供指导，让工程师在探索和实现解决方案过程中有明确方向和依据。

这些指导可作为工程师采用引导式提示法时的参考。根据问题具体情况和上下文，工程师可进一步调整这些指导，以确保引导效果最佳并能激发自身创造力。

例如，在系统设计过程中，工程师可能会遇到性能优化问题。引导式提示法可通过提出一系列问题，如"你认为哪些方面可能导致性能瓶颈""有哪些潜在的优化方案"等，引导工程师深入思考。

在使用引导式提示法的过程中，提问与引导相结合，旨在协助工程师逐步思考问题，激发其自主思考和创新能力。

以下是一个例子，能进一步说明引导式提示法的应用。

一位软件工程师负责开发大型电子商务平台，发现多用户同时访问系统时，系统响应速度变慢。这需要进行性能优化，工程师却无从下手。此时，引导式提示法便能助力其深入思考并寻求解决方案。引导式提示法通过提出一系列问题，引导工程师逐一剖析问题，如下所示。

"你认为哪些因素可能导致性能瓶颈？"

工程师随之思考导致性能瓶颈的可能因素，如数据库查询、网络带宽、服务器负载等。

"有哪些优化方案可供考虑？"

这一问题引导工程师思考并提出可能的优化策略，如建立缓存机制、资源整合、异步处理等。

"是否存在已知最佳实践可供参考？"

工程师可以回顾过往类似案例或借鉴业界最佳实践，以获取优化灵感。

这些引导性问题使工程师得以深入思考，并激发其创新思维和解决问题的能力。他们可能会产生新的想法，提出不同的优化方案，并着手实施以提升系统性能。

3.2.4　实例：引导式提示法

当使用引导式提示法时，可以按照下面的例子来引导 AI 模型思考问题和寻找解决方案。

工程师：创建一个可以让使用者输入两个数字的程序，然后计算它们的和并显示结果。

AI：好的，我们从哪里开始呢？

工程师：首先，我们需要一个方法让使用者输入数字。你能给我一个提示来处理这个步骤吗？

AI：当然。你想使用哪些方法来获取使用者输入的值？例如，使用 input 函数或设计一个视窗界面。

工程师：我想使用 input 函数。其次，我需要将使用者输入的值转换为数值格式。你能给我一个提示来处理这个步骤吗？

AI：当然。你想使用哪个函数或方法来将输入的值转换为数值格式？例如，int 函数可以将字符串转换为整数。

工程师：我想使用 int 函数。现在，我有两个数字的值，我需要将它们相加。你能给我一个提示来处理这个步骤吗？

AI：当然。你想使用哪些运算符或函数来执行两个数字的加法运算？例如，使用 + 运算符或编写一个加法函数。

工程师：我想使用 + 运算符。最后，我需要将计算结果呈现给使用者。你能给我一个提示来处理这个步骤吗？

AI：当然。你想使用哪个方法来将计算结果呈现给使用者？例如，使用 print 函数或更新视窗界面上的文本。

工程师：我想使用 print 函数。非常感谢你的帮助！

通过引导式提示法，工程师可以在与 AI 模型的对话中逐步思考问题并找到解决方案。引导式提示法的关键是提出明确的问题，并根据 AI 模型的回答提供相应的引导，直到达到预期的目标。

3.3　类比和比喻提示法：突破创意的门户

类比和比喻提示法是通过将问题或概念与常见的情境或概念进行类比或比喻，从而协助工程师更好地理解问题并找到解决问题的方法。这种提示方法能够助力工程师从多维度审视问题。

3.3.1 理解问题和概念

工程师应深入探究问题的本质及其涉及的概念，确保对问题的诉求、目标及限制条件具备明确的认识；同时，了解与问题相关领域的知识，为后续的类比和比喻奠定基础。

3.3.2 寻找相似情境或概念

工程师根据对问题或概念的深入理解，探寻与之相近或相关的情境或概念。这些情境或概念可能源于不同领域，但具备相似特性或解决方法。工程师应发掘那些能为问题提供有益洞见和视角的情境或概念，以便进行类比和比喻。

3.3.3 建立类比和比喻关系

类比和比喻提示法是一种将问题或概念与已知情境或概念进行比较的方法，旨在识别它们之间的相似之处，并将其应用于问题解决过程。这种方法可以涉及考察相似的结构、功能、解决方法或行为模式等方面。通过建立类比和比喻关系，工程师能够从多个角度审视问题，从而发掘新的解决途径。

3.3.4 验证与评价类比和比喻关系的有效性和适用性

工程师应检验所建立的类比和比喻关系的有效性和适用性，评估其对解决问题的帮助程度，以及其是否能够提供有价值的见解和启发；根据评估的结果，进一步调整和优化类比和比喻的选择，确保达到最佳的效果。

以上是使用类比和比喻提示法的步骤。根据具体的问题和上下文，可以进一步调整这些步骤，以确保达到最佳的类比和比喻效果。

例如，一位工程师负责设计一个复杂的分散式系统，其中涉及多个节点之间的同步和通信。此工程师目前面临一个问题，即如何确保节点之间通信的可靠性和效率。这时，类比和比喻提示法可以帮助他更好地理解和解决这个问题。

工程师可运用类比和比喻提示法，如"该系统的通信方式可类比为邮局的邮件配送"。借助此类比，工程师将节点间通信过程比作邮局邮件配送过程，进而获得相关洞察与启示。这一类比带来以下好处。

（1）确保通信可靠性：邮局在配送邮件过程中可能出现邮件丢失或配送延误现象，工程师可思考节点间通信可能遇到的类似问题，并设计相应机制以确保通信可靠性。

（2）思考效率与延迟：就像邮件配送一样，工程师可考虑如何提升系统效率，减少通信延迟时间，例如设计更高效的路径或引入异步通信机制。

（3）提出故障处理策略：从邮件配送角度出发，工程师可思考如何在通信过程中处理故障，例如引入冗余机制或提供回报机制以检测丢失信息。

总之，通过运用类比和比喻提示法，工程师能够从多个方面深入思考节点间通信的问题，从而提高通信可靠性和效率。

工程师可以从日常生活中的事物获得启发，并在设计和解决问题时思考相应的方案和策略。类比和比喻提示法拓展了工程师的思维视野，帮助他们从不同的角度解决复杂的问题。

3.3.5　实例：类比和比喻提示法

当使用类比和比喻提示法时，可以按照下面的例子来引导 AI 模型进行类比或比喻。

> 工程师：我需要设计一个数据库系统，它能够存储和检索大量的使用者信息。你能给我一个类比或比喻的情境来帮助我理解如何设计这个系统吗？
>
> AI：当然。你可以使用者信息想象成书，而数据系统则是图书馆的收藏和管理系统。你需要设计一个能够迅速找到特定书的索引系统，以便使用者能够方便地检索到他们需要的信息。
>
> 工程师：我明白了，这个类比很有帮助。现在我需要思考如何设计有效的索引系统。你能给我一个类比或比喻的情境来帮助我思考这个问题吗？
>
> AI：当然。你可以将索引系统想象成一本字典。字典中按照字母顺序排列单字，并提供单字和其对应的页数之间的映射关系。这样使用者只需要查找单字就能找到对应的页数，而不需要逐页检查。
>
> 工程师：很有趣的比喻，我明白了。现在我需要思考如何存储和检索大量的使用者信息。你能给我一个类比或比喻的情境来帮助我思考这个问题吗？
>
> AI：当然。你可以将存储和检索系统想象成一个文件柜。使用者信息就像文件，而系统需要提供快速的存取和搜索功能，就像在文件柜中轻松找到指定文件。

通过类比和比喻提示法，工程师可以将抽象的问题或概念与具体的情境或概念进行类比或比喻，从而更好地理解和解决问题。这种提示方法可以帮助工程师从不同的角度思考和理解问题，为工程师提供新的解决方案。

3.4　探索式提示法：寻找无限可能

探索式提示法是一种非常实用的方法，它帮助工程师通过实验、测试和研究来提升自己的实际操作和测试能力。这种方法鼓励工程师在解决问题的过程中，动手去尝试、验证和改进自己的解决方案。

使用探索式提示法，工程师可以在实践中发现和学习新知识。他们可以通过不断试错和测试，快速验证自己的想法是否可行，并得到实实在在的结果和经验。这样，工程师不仅能够提高自己的技能和知识水平，还能够推动工程领域的创新和发展。

在采用探索式提示法的过程中，工程师可以大胆地进行实际操作、测试或研究，以便更好地解决问题或验证自己的想法。比如说，有一位工程师正在优化一个图像处理算法，他想要找到最佳的参数设置，以提高算法的处理速度和图像质量。这时，探索式提示法就可以为他提供一些实用的方法，帮助他进行性能测试和参数调整，从而找到最佳的优化方案。

3.4.1 探索式提示法的步骤

使用探索式提示法的步骤如下。

（1）明确评估标准。工程师首先需要确定所关注的性能指标，例如处理速度或图像质量等。

（2）建立假设。工程师可以基于经验和理解，对可能影响性能的参数进行假设，比如增加某个参数可能会使处理速度加快，或者调整某个参数可能会提升图像的清晰度。

（3）设计实验方案。工程师需要制定详细的实验计划，这可能包括设计一系列的测试用例，针对每个用例尝试不同的参数设置，并记录下相应的性能数据。

（4）进行实验。按照实验计划，工程师运行算法并进行测试，同时收集和记录相关的性能数据。

（5）分析结果。通过对比不同参数设置下的性能数据，工程师可以找出最佳的参数组合。

通过这个探索式的流程，工程师可以找到最优的参数设置，从而优化算法的性能。这种方法不仅可以帮助工程师更深入地理解算法是如何工作的，还可以为他们提供有力的数据支持，以使他们做出更好的决策。

3.4.2 探索式提示法的指导原则

以下是探索式提示法的指导原则。

一、确定目标和假设

首先，明确要解决的问题或要验证的想法，确切地定义期望达到的结果或研究的目标。同时，设定相应的假设或研究问题，这将指引探索方向和方法。确保目标是明确的、可衡量的，这样在后续的实验或测试中才能有据可依。

二、提供相关测试方法

工程师需要根据设定的目标和假设，提供相关测试方法。这些测试方法可能包括具体的步骤、工具或技术，用于完成探索任务或进行研究实验。测试方法的描述应是详尽且清晰的，以便工程师能够准确执行并记录结果。同时，工程师需要提供必要的背景信息和理论支持，以帮助工程师理解测试方法的原理和意义。

三、引导实际操作和测试

工程师需要按照指南和建议进行操作，确保他们能够按照正确的流程执行实验或测试。工程师应详细记录结果。同时，工程师应思考如何进一步改进或扩展，以扩大探索的范围和增强结果的可靠性。

四、分析和评估结果

工程师分析和评估实验或测试的结果。工程师解读数据、图表或其他结果，并从中提取有价值的信息。同时，工程师就结果进行讨论，得出合理的结论或建议，并找到可能的改进方向。

3.4.3　实例：探索式提示法

当使用探索式提示法时，可以按照下面的例子来引导 AI 模型进行实际操作、测试或验证。

> 工程师：我想要提高网站的载入速度，你能给我一些方法让我能够测试不同的策略吗？
>
> AI：当然。你可以使用浏览器缓存来储存静态资源，例如图片、CSS 和 JavaScript 文件，以减少每次载入时的网络请求。你也可以压缩图片，合并和压缩 CSS 和 JavaScript 文件，以降低网页的大小和减少载入时间。此外，你还可以使用 CDN（内容传递网络）来加快资源的传递速度，并使用浏览器快取策略（如 HTTP 快取和 ETag），来减小服务器的负载。
>
> 工程师：很有建设性的建议。现在我想要提高机器学习模型的准确度，你有什么方法可以帮助我验证想法或找到更好的模型吗？
>
> AI：使用交叉验证来评估模型的性能，将资料集分为训练集和验证集，然后使用不同的模型和参数设置进行训练和验证，这样可以评估不同模型的准确度并选择最佳的模型。你也可以尝试使用不同的特征工程方法，调整模型的超参数，或者尝试不同的机器学习算法来提高准确度。此外，进行模型集成、过拟合和欠拟合的分析，以及使用领域知识进行模型优化都是值得尝试的方法。

通过探索式提示法，工程师可以动手操作、测试或验证，来解决问题、验证想法或者找到更好的问题解决办法。这种方法不仅能帮助工程师养成敢于实验和创新的思维，还能带来新的发现和改进。简单来说，这种提示方法能让工程师更积极地寻找问题的答案，并在实践中不断进步。

第 4 章 提示工程实践中的常见问题

提示工程实践中存在各种问题，这些问题或多或少都会对 AI 模型的效能与准确度造成影响。为应对这些问题，AIGC 提示工程师必须深入理解它们并采取相应的策略。本章将着重分析提示工程实践中的三大常见问题：首先是输入信息和期望输出结果模糊；其次是误解与误导性回答；最后是提问过多和 AI 模型无回应。

4.1 输入信息和期望输出结果模糊

在提示工程实践中，输入信息的模糊性以及期望输出结果的不明确性，往往构成了一大挑战。当用户的查询或提示内容不清晰或不精确时，AI 模型往往难以准确把握并给出令人满意的回答。本节旨在探讨这一问题相应的解决策略，从而提高 AI 模型输出的准确性与实用性。

4.1.1 要求提供更具体的信息

当使用者提供模糊的输入信息时，AIGC 提示工程师可以要求他们提供更多的细节、范例或上下文，以帮助 AI 模型更好地理解问题。例如，如果使用者说"我想知道关于狗的内容"，AIGC 提示工程师可以要求使用者提供更具体的问题，例如"我想知道狗的平均寿命和常见的品种"。

> **提示**
>
> 我想知道关于狗的内容。

❋ AI 回答

狗是人类最忠诚的朋友之一，它们不仅有着丰富多样的品种，还有着各自独特的性格和特点。以下是一些关于狗的基本知识。

品种分类：根据 AKC（美国养犬俱乐部）的标准，全球大约有 178 个被认可的纯种狗品种。这些品种的狗可以根据体型分为超小型犬、小型犬、中型犬、大型犬和超大型犬 5 个类别。此外，它们还可以按照功能划分为家庭犬、玩具犬、工作犬、梗犬、牧羊犬、狩猎犬和枪猎犬等。

智商排名：不同品种的狗在智商上也有差异。一些品种的狗如边境牧羊犬、贵宾犬和德国牧羊犬等被认为比较聪明，容易训练，而其他品种的狗则可能需要更多的耐心和时间来训练。

适合人群：选择狗的品种时，应考虑自己的生活方式和需求。例如，如果你住在公寓里，可能更适合养一只小型或超小型的狗；如果你有过敏问题，那么选择不掉毛或少掉毛的狗会更好。

特点介绍：不同品种的狗有着不同的特点，例如哈士奇以其耐力和独立性著称，而藏獒则是知名的守护犬，贵宾犬因其卷曲的毛发和友好的性格受到许多人的喜爱，而吉娃娃则因其小巧的体型和警觉性而备受宠爱。

养狗建议：如果你是第一次养狗，建议你先了解不同品种的狗的特点及其对主人的需求。同时，你还应该考虑到养狗的责任和长期承诺，包括日常的喂食、遛狗、训练和兽医护理等。

注意事项：养狗之前，确保你的住所允许养宠物，并且你有足够的时间和资源来照顾它。此外，考虑到狗的健康和幸福，你应该选择信誉良好的卖家或领养中心来获得你的宠物。

综上所述，狗不仅是宠物，也是家庭成员的一部分。了解它们的品种特性和需求，可以帮助你更好地照顾它们，并与它们建立深厚的情感联系。

提示　　　我想知道狗的平均寿命和常见的品种。

❋ AI 回答

狗的平均寿命通常与狗的品种、体型以及其是否为纯种有关。以下是对狗的平均寿命和常见品种的具体介绍。

平均寿命：混合品种犬（通常被称为"串串"）往往比纯种犬有更长的寿命，小型犬也通常比大型犬寿命长。一般而言，中小型犬在出生后约 7 年进入老年期，而大型犬则在出生后 5 年左右开始步入老年阶段。

以下是一些常见的狗的品种。

拉布拉多寻回犬：这是一种中大型犬，以友好、聪明和适应性强而闻名，它们通常被用作导盲犬和治疗犬。

德国牧羊犬：这是一种多功能的工作犬，忠诚且服从性高，它们在警察和军事工作中非常受欢迎。

金毛寻回犬：这种犬性格温顺、有耐心，是家庭宠物的热门选择，也常用于搜索救援工作。

法国斗牛犬：作为一种小型至中型的犬种，它们因其独特的外观和性格而受到许多人的喜爱，成为流行的家庭宠物。

吉娃娃：吉娃娃是一种小型犬，以其长寿而知名，这个品种的狗狗平均寿命为

12～15年，有些甚至能活到20年。

综上所述，不同品种的狗具有不同的平均寿命，且各种品种的狗都有其独特的魅力和特点。你无论选择哪一种狗作为宠物，都应根据自己的生活环境和喜好来决定，并为它提供健康、快乐的生活环境。

4.1.2　解释期望输出结果的细节

若使用者对期望的输出结果表述不够清晰，AIGC提示工程师可以要求其提供进一步的细节或实例，从而让AI模型更准确地把握其真实意图。举例来说，若使用者仅表述"我需要一个好的建议"，AIGC提示工程师应引导使用者详述背景信息、个人偏好及具体需求等。

4.1.3　提供范例和模板

在某些特定情境下，为了协助使用者准确地阐述问题或期望的输出结果，AIGC提示工程师可以提供一些范例或模板作为参考。这些范例或模板的作用在于指导使用者更加明确、具体地描述他们的需求，从而确保沟通的顺畅与高效。

【范例1】

使用者："我需要一个好的建议。"

AIGC提示工程师："请问你可以提供更多背景信息或具体需求吗？例如，你需要关于什么主题的建议？或者你有特定的条件或偏好吗？这些信息将有助于AI模型提供更有价值的建议。"

具体示例如下。

> **提示**　　我想学编程开发，请问有没有较适合初学者的编程语言，我需要一个好的建议。

AI回答

当你刚开始学习编程开发时，应选择一门易于学习且功能强大的编程语言。以下是几种适合初学者学习的编程语言。

Python：Python是一种简单易学的编程语言，具有清晰简洁的语法和丰富的库。它被广泛用于Web开发、数据科学、人工智能等领域，因此学习Python可以为你带来广阔的发展空间。

JavaScript：JavaScript是一种用于网页开发的脚本语言，也可用于服务器端开发（Node.js）。它是一种动态语言，易于学习和使用，并且与Web开发相关的资源和工具非常丰富。

Java：Java 是一种面向对象的编程语言，具有严谨的语法和强大的跨平台性。它广泛应用于企业级应用程序和 Android 应用开发领域。

这些编程语言都有大量的学习资源和社区支持，你可以根据自己的兴趣和需求选择其中一种学习。

【范例 2】

使用者："我想知道关于狗的知识。"

AIGC 提示工程师："请问可以提供一些更具体的问题吗？例如，你想知道哪方面的知识，是狗的品种、行为、饲养需求还是其他方面的知识？请提供一些更具体的问题，以便 AI 模型更好地回答你的问题。"

具体示例如下。

提示

我想养狗，我比较喜欢体型娇小、个性温和的狗，能否给我一些品种选择及饲养注意事项的建议。

❄ AI 回答

体型娇小、个性温和的狗有吉娃娃、雪纳瑞、巴哥犬和鹿犬等，适合想要养狗的你。

吉娃娃是世界上体型最小的犬种之一，它们虽然性格略有些倔强，但通常很活泼，且毛短，易于打理。雪纳瑞也称为"小老头"，性格温和，精力充沛，拥有长胡子和不同的颜色，包括黑色、白色、褐色等，是人类友好而忠诚的伙伴。巴哥犬外表可爱，皮肤多褶皱，性格憨厚，不过由于鼻腔较短，不宜进行过于剧烈的运动。鹿犬则被称为"迷你杜宾"，体态优雅，性格温顺，是一种不错的家庭宠物。

在饲养这些小型犬时，你需要注意以下事项。

适应期：新到家的狗可能会因为害怕新环境而不吃不喝，需要你的耐心安慰和陪伴。

笼子选择：购买狗笼时应选择材质牢固的，狗窝最好可拆洗，确保干净卫生。

场地选择：为狗选择一个安静、干燥无湿气、通风良好、冬暖夏凉的地方作为它的居住场地。

训练与限制：为了便于训练和管理，应限制狗在家中与院子里的自由活动范围，并尽早为其佩戴项圈。

另外，在选择狗名时，简短的名字将有助于小狗更快地辨识和学习。希望这些建议能帮助你更好地迎接新的家庭成员。

4.2　误解与误导性回答

在提示工程实践中，AI 模型可能会出现错误理解和提供误导性回答的情况。这可能是因为 AI 模型对提示中的关键信息理解不足或产生了错误的推断。本节将为这些问题提供解决方案。

4.2.1 提供更多上下文

如果 AI 模型对问题理解有误或提供了误导性的回答，AIGC 提示工程师可以要求使用者提供更多上下文，这有助于 AI 模型提供更准确和有针对性的回答。

4.2.2 厘清问题或回答

如果 AI 模型提供了误导性的回答，AIGC 提示工程师可以明确指出回答中的错误，并提供正确的信息，这样可以避免使用者被误导并为使用者提供正确的回答。

4.2.3 人工干预和校正

如果 AI 模型多次提供误导性的回答，AIGC 提示工程师可以进行人工干预，手动校正 AI 模型的回答，这可以确保使用者获得准确和可靠的信息。

具体示例如下。

> **提示**
>
> 请告诉我最近的经济趋势。

※ AI 回答（错误理解）

最近的经济趋势表现为全球经济增速好于预期，而国内经济也逐渐好转。

全球范围内，美联储的降息节奏反复，市场对其未来的降息预期产生了影响。此外，全球经济增速预计会有所放缓，但仍保持增长。国内固定资产投资同比增长，服务零售额和货物进出口总额也呈现增长趋势，显示出经济回升向好的态势；同时，规模以上工业企业的利润也实现了同比增长，多数行业发展延续恢复向好态势。

然而，需要注意的是，经济趋势的变化是复杂且动态的，受到多种因素的影响，包括但不限于政策调整、市场需求、国际贸易形势等。因此，要全面准确地了解最近的经济趋势，需要关注多方面的数据和消息，并进行综合分析和判断。

总的来说，当前的经济趋势呈现出一定的积极变化，但仍需谨慎看待未来的走势。建议密切关注国内外经济形势和政策变化，以及时了解并应对可能的风险和机遇。

这种情况下 AI 模型误解了问题，仅提供了关于“最近”的字面意义上的经济趋势，例如，它可能会描述过去几周或几个月的经济数据变化，而没有考虑到使用者可能想要了解的是长期趋势或未来趋势。

> **提示**
>
> 我想了解未来一年内全球经济的预测趋势。

✳ **AI 回答（正确理解）**

未来一年内，全球经济预计将继续保持增长势头，但增速可能略有放缓。根据国际货币基金组织（IMF）发布的《世界经济展望报告》，2025 年全球经济增速预期为 3.2%，与 2024 年持平。然而，全球经济增长面临诸多风险和挑战，包括地缘政治冲击、大宗商品价格波动、供应链问题以及主要经济体增长分化等。

1. 全球经济预测

经济增速：预计 2025 年全球经济增长率为 3.2%，与 2024 年持平。

通胀趋势：全球总体通胀率有望在 2025 年进一步下降至 4.4%，通胀率的下降有助于经济稳定增长，但也可能导致金融环境进一步放松。

贸易活动：世界贸易组织预计 2025 年全球货物贸易量将增长 2.7%，显示出逐步复苏的趋势。

2. 全球经济面临的风险和挑战

地缘政治冲击：地缘政治问题继续是 2025 年全球经济的不确定性来源之一。

大宗商品价格波动：能源市场的波动性对全球宏观经济政策造成了重大影响，石油和天然气价格波动较大。

供应链问题：全球供应链的重构正在改变各国在全球生产网络中的地位，企业逐步将部分生产环节迁出，以应对关税、成本上升和政治风险。

3. 主要经济体的表现

美国：预计美国经济将实现 2.5% 的增长，连续第三年超出市场共识预期。

欧元区：由于地缘政治冲突和贸易政策不确定性，欧元区经济增长预期被下调至 0.8%。

中国：中国经济增速预计将保持在 4% ~ 5%，面临国内经济转型和外部需求不振等挑战。

总的来说，未来一年内全球经济预计保持增长，但增速可能放缓，同时面临诸多不确定性和风险。投资者和企业需要密切关注全球经济形势和政策变化，以制定合适的应对策略。同时，各国政府和国际组织也需要加强合作，共同应对全球性挑战，推动经济稳定和可持续发展。

4.3 提问过多和 AI 模型无回应

在提示工程实践中，提问过多和 AI 模型无回应也是常见的问题。提问过多可能导致 AI 模型困惑无法给出精准的回答，而 AI 模型无回应则可能是因为其缺乏相关知识或训练不充分。本节将探讨如何合理把握提问的度，防止提问过多，同时还将研究如何提升 AI 模型的回应能力，使其能够适应更广泛的场景和情境。

4.3.1 合理限制问题数量

AIGC 提示工程师可以限制使用者在一次交互中提出的问题数量，避免过多的问题使 AI 模型无法给出正确回答。

4.3.2　提供解释和引导

如果 AI 模型无法回答特定的问题，AIGC 提示工程师可以向使用者解释原因，并提供相关的引导或建议，这有助于使用者理解 AI 模型的限制，从而更好地使用 AI 模型。

4.3.3　提升 AI 模型能力

如果 AI 模型在多次交互中都无法回答某些问题，AIGC 提示工程师可以将这些情境纳入训练资料中，并改进 AI 模型以使其更好地应对这些情境。

下面是几个 AI 模型无法生成适当回答的示例，其原因可能是 AI 模型缺乏相关知识或未实时取得训练的数据库，训练不足。

> **提示**
> 最近有哪些流行的科技趋势？

> **AI 回答**
> 抱歉，我的知识截止日期是 2023 年，可能无法提供最新的科技趋势。不过，根据我最后更新的知识，一些当时流行的科技趋势包括人工智能、机器学习、物联网、5G、区块链和增强现实 / 虚拟现实。为了获取最新的科技趋势，建议查阅最新的科技新闻或专业报告。

> **提示**
> 请问一下，你喜欢什么颜色？

> **AI 回答**
> 作为一个人工智能助手，我没有个人喜好或感受，包括对颜色的偏好。但我可以帮助你找到关于颜色的有趣信息，或者根据颜色的心理学影响为你提供建议。如果你有关于颜色的任何问题，或者需要关于颜色选择的参考意见，随时可以问我。

> **提示**
> 请告诉我世界上有多少种动物？

> **AI 回答**
> 世界上的动物种类繁多，数量众多，难以准确统计。据估计，地球上有数百万到数千万种不同的动物，包括各种各样的哺乳动物、鸟类、爬行动物、两栖动物和无脊椎动物等。科学家们还在不断发现新的动物，因此动物界的多样性仍在不断增加。

第 2 篇

提示进阶
技巧

第 5 章　优化提示的除错过程

优化提示的除错过程是确保提示工程实践的有效性和效能的关键。在这个过程中，设计有针对性的测试范例、分析和解读 AI 模型输出结果，以及根据反馈调整提示设计，可以不断提升 AI 模型的表现和回答的质量。本章将深入介绍优化提示的除错过程，探讨每个步骤的重要性和技巧，以充分发挥提示工程的作用。

▰ 5.1　设计有针对性的测试范例

设计有针对性的测试范例是优化提示的除错过程中的关键一步。通过精心设计的测试范例，我们能够深入了解 AI 模型的行为和效果，并找出改进的方向。本节将探讨如何确定测试的目的和范围，如何设计具有多样性和代表性的测试范例，以及如何实施测试并记录结果。

首先，明确测试的目的和范围至关重要。这可能涉及评估 AI 模型在特定领域或任务上的性能，或检验其是否能对各类问题做出合理回应。这些目的和范围将为测试范例的设计提供明确的指导。

其次，根据已设定的目的和范围，精心设计测试范例。为确保测试的有效性，可以借鉴现实场景，挑选具有挑战性的对话、涉及歧义处理或知识查询的问题。同时，考虑 AI 模型的特性和预期用途，设计涵盖不同提示方式和关键字的测试范例。在测试过程中，保持范例的多样性和代表性至关重要，这有助于获取更全面、更具参考价值的测试结果。此外，测试应逐步从简单过渡到复杂，以确保 AI 模型在各种情况下均能表现出色。

最后，当测试范例设计完成后，可以开始实施测试并记录结果。在测试过程中，密切关注 AI 模型的回答是否符合预期，是否能提供有价值的信息。同时，识别并记录 AI 模型可能存在的问题，如误导性回答或回答缺乏相关性等。这将为 AI 模型的进一步优化提供宝贵的信息。

下面是一些有针对性的测试范例，展示了对一个自然语言处理模型问答能力的测试过程。

【范例 1】什么是全球气候变暖？

预期回答：全球气候变暖是指地球大气和海洋中温室气体浓度增加，导致地球平均气温上升的现象。

使用 AI 模型，提示及回答如下。

> **提示**　什么是全球气候变暖？

❋ AI 回答

全球气候变暖，也被称为全球变暖或全球暖化，是指地球的大气和海洋因温室效应而造成温度上升的气候变化现象。人类活动排放大量的温室气体，如二氧化碳、甲烷和一氧化二氮，导致地气系统吸收与发射的能量不平衡，能量在地气系统中不断累积，从而使得全球温度上升。

全球气候变暖对地球生态系统和人类生活产生了广泛而深远的影响。它会使全球降水量重新分配、冰川和冻土消融、海平面上升，危害自然生态系统的平衡，影响人类健康甚至威胁人类的生存。此外，全球气候变暖还会导致内陆地区粮食和饲料的减产、海洋食物链的断裂，以及海岸生态环境失衡等问题。

因此，全球气候变暖是一个需要全球共同关注和应对的问题。人们需要采取措施减少温室气体的排放，例如通过改变能源结构、提高能源利用效率、发展可再生能源等方式来减慢全球气候变暖的速度。同时，人们也需要适应已经发生的气候变化，采取措施来应对其带来的各种挑战。

【范例 2】介绍人工智能的应用领域。

预期回答：人工智能可以应用于自然语言处理、图像辨识、智能机器人等领域，模拟人类行动并自动执行各种任务。

使用 AI 模型，提示及回答如下。

> **提示**　介绍人工智能的应用领域。

❋ AI 回答

人工智能（AI）作为当今科技领域的前沿技术，其应用已经渗透到我们生活的方方面面，从智能家居到医疗诊断，从自动驾驶到金融分析，AI 正在以前所未有的方式改变着世界。以下是对 AI 应用领域的详细介绍。

1. AI 的应用领域

医疗保健：辅助诊断、疾病预测与预防、药物研发。

交通：智能交通管理、自动驾驶、物流运输优化。

教育：个性化学习、智能辅导答疑、教学管理与评估。

金融：风险评估与信用评级、智能投资顾问、欺诈检测。

家居：智能家居系统、智能安防、能源管理。

零售：精准营销、供应链管理、无人零售。

工业制造：质量检测、生产优化、智能机器人。

能源：智能电网、能源勘探与开发、能源管理与节能。

安防：视频监控与分析、人脸识别与身份验证、安防巡逻机器人。

娱乐：游戏开发、影视制作、音乐创作。

2. AI 的应用案例

智能家居：通过 AI 技术，家居系统能够自动调节室内温度，识别家庭成员的需求，甚至预测用户的习惯来提前做好准备。

医疗辅助：AI 在医疗领域的应用包括通过分析 CT 影像来辅助诊断肺部疾病，以及根据患者的基因信息和生活习惯来预测疾病风险。

自动驾驶：自动驾驶汽车利用 AI 技术来感知周围环境，做出驾驶决策，提高道路安全性和交通效率。

AI 的应用正在不断拓展，随着技术的进步，未来 AI 将在更多领域发挥重要作用，为我们的生活带来更加便捷和智能化的体验。

【范例 3】告诉我阿尔伯特・爱因斯坦的生平。

预期回答：阿尔伯特・爱因斯坦是一位知名的理论物理学家，他提出了相对论和质能等价原理，并被认为是现代物理学的奠基者之一。

使用 AI 模型，提示及回答如下。

提示

告诉我阿尔伯特・爱因斯坦的生平。

✻ AI 回答

阿尔伯特・爱因斯坦（Albert Einstein，1879 年 3 月 14 日—1955 年 4 月 18 日）是一位杰出的理论物理学家，被公认为现代物理学的奠基人之一。以下是他的生平概述。

1. 早年生活：爱因斯坦出生于德国的乌尔姆市，他的父亲是一名电机制造商，母亲则是一名钢琴老师。他在一个犹太家庭中长大，并在家中接受了早期的教育。

2. 学业：爱因斯坦在青年时期表现出了对数学和物理的特殊天赋。他在苏黎世联邦理工学院师范系学习物理学，并于 1900 年获得了教育学学士学位。后来，他在苏黎世大学获得了博士学位。

3. 相对论：爱因斯坦最知名的成就之一是提出了狭义相对论（1905 年）和广义相对论（1915 年）。这些理论对现代物理学产生了深远的影响，改变了人们对时间、空间和引力的理解。

4. 诺贝尔物理学奖：由于他对光电效应的解释，爱因斯坦于 1921 年获得了诺贝尔物理学奖。光电效应的理论为量子理论的发展提供了关键的启示。

5. 流亡生活：爱因斯坦于 1933 年移居美国，并在普林斯顿大学担任教职。他在那里继续从事物理研究工作。

6. 晚年和逝世：爱因斯坦在晚年继续致力于物理研究，并且对和平运动和民权运动有着浓厚的兴趣。他于 1955 年 4 月 18 日在新泽西州去世，享年 76 岁。

阿尔伯特·爱因斯坦不仅是一位杰出的科学家，也是一位深受尊敬的思想家和人道主义者。他的工作对推动科学的发展和人类文明的进步具有重要的意义，至今他仍然受到广泛的赞誉和尊重。

这些测试范例可以涵盖不同领域和不同难易程度的问题，让我们能够评估 AI 模型在回答常见问题时的准确性和完整性。通过实施这些测试，我们可以检查 AI 模型是否能够提供正确和有用的回答，并发现可能存在的问题和找到改进方向。

5.2 分析和解读 AI 模型输出结果

在优化和调试 AI 模型的过程中，分析和解读 AI 模型输出结果是一个至关重要的步骤。通过仔细研究 AI 模型的输出结果，我们能够识别其中的规律、问题以及找到改进的方向。本节将介绍如何收集和整理测试结果，并探讨 AI 模型输出的相关内容，围绕准确性、完整性、逻辑性等评估标准进行讨论，帮助大家更深入地掌握 AI 模型的行为模式。

我们需要先收集和整理测试结果。将 AI 模型的输出结果、预期目标以及相关背景信息进行对比分析，这将有助于我们了解 AI 模型在不同情境中的表现，并找出可能存在的偏差。

在分析 AI 模型输出结果的过程中，可以关注以下几个要点：首先，检查 AI 模型的回答是否准确、全面且一致；其次，观察 AI 模型是否按照提示要求进行操作，是否能准确理解提示中的关键信息；最后，留意 AI 模型的回答是否逻辑清晰、易于解释。

此外，也可以利用可视化工具和技术来分析 AI 模型的输出结果。将 AI 模型的输出结果转化为可视化形式，比如图表、图片等，这将有助于直观地理解 AI 模型的行为模式。

通过对 AI 模型输出结果进行细致观察和分析，我们能发现 AI 模型存在的问题和找到改进方向。例如，可能会发现 AI 模型对特定类型的问题回答不准确，或者对某些关键字的理解有误。这些将为后续的提示优化工作提供有价值的参考。

5.2.1　收集和整理测试结果

对于 AI 模型，我们可以整理并对比其对不同问题的回答，将其回答与预期回答进行比较，这样的分析可以帮助我们了解其在各种情境下的表现。

【范例】为什么太阳是热的？

预期回答：太阳之所以是热的，是因为核聚变反应在太阳核心中产生了巨大的能量，这些能量以光和热的形式辐射到太阳系各个角落。

使用 AI 模型，提示及回答如下。

> **提示**　　为什么太阳是热的？

❋ AI 回答

> 太阳是热的，因为它内部发生了核聚变反应。
>
> 太阳是一个巨大的恒星，主要由氢和少量的其他气体组成。在其核心部分，氢原子在极高的温度和压力下融合成氦原子，这个过程被称为核聚变。在这个过程中，由于质量守恒和能量守恒的原理，氢原子的质量部分转化为了能量，这些能量以光子的形式释放出来，并向外传播到太阳表面以及宇宙空间。
>
> 太阳的核心温度约 1500 万摄氏度，而表面温度约 5500 摄氏度。这些热量随着光子一起向外界辐射，当这些辐射到达地球时，就是我们感受到的阳光。太阳的辐射能够增加被辐射物体的能量，从而产生热感。
>
> 太阳的光和热不仅使地球上的生命得以存在，而且也是地球气候系统的重要驱动力。太阳能量的巨大，以至于太阳每秒钟释放的能量比人类一年消耗的能量还要多。因此，太阳不仅是太阳系内最重要的能源，也是维持地球生态平衡不可或缺的条件。

5.2.2　准确性和完整性分析

准确性和完整性分析即检查 AI 模型的回答是否准确、完整和一致。举例来说，假设我们询问一个 AI 模型关于历史事件的问题，我们可以检查 AI 模型的回答是否涵盖了相关的时间、地点和事件细节。

【范例】请介绍人类历史上第一次成功登月的事件。

预期回答：人类历史上第一次成功登月的事件是 1969 年 7 月 20 日的阿波罗 11 号任务，美国宇航员尼尔·阿姆斯特朗和巴兹·奥尔德林在月球表面行走，成为首次踏上月球的人类，这次登月任务标志着人类太空探索的巨大飞跃，激发了全世界对太空的好奇心和探索欲。

使用 AI 模型，提示及回答如下。

🤖 提示　　请介绍人类历史上第一次成功登月的事件。

❋ AI 回答

人类历史上第一次成功登月的事件发生在 1969 年 7 月 20 日，这是美国国家航空航天局（NASA）阿波罗计划的一部分，被称为阿波罗 11 号（Apollo 11）任务。阿波罗 11 号的宇航员尼尔·阿姆斯特朗（Neil Armstrong）成为第一个踏上月球表面的人。他在月球表面留下了著名的足迹，并说出了那句名言："这是一个人的一小步，但却是人类的一大步。"

阿波罗 11 号任务由 3 名宇航员执行：尼尔·阿姆斯特朗、巴兹·奥尔德林（Buzz Aldrin）和迈克尔·科林斯（Michael Collins）。阿姆斯特朗和奥尔德林在月球表面进行了大约两个半小时的活动，收集了土壤和岩石样本，并进行了科学实验，而科林斯则留在指令舱中绕月球轨道飞行。

这次登月不仅是技术上的巨大成就，也是人类探索宇宙的一个重要里程碑，激发了全球对太空探索的兴趣和热情。自阿波罗 11 号之后，直到 1972 年，还有多次阿波罗任务成功将宇航员送上了月球。

5.2.3　符合提示要求的分析

符合提示要求的分析即检查 AI 模型是否理解并正确回应提示的关键信息。

【范例】请描述牛顿的三大运动定律，并解释它们在现代工程学中的应用。

预期回答：牛顿的三大运动定律是经典力学的基础，包括惯性定律（一个物体会保持静止或匀速直线运动，直到外力迫使它改变状态）、加速度定律（物体的加速度与作用在其上的净力成正比，与物体的质量成反比）、作用与反作用定律（对于每一个作用力，总有一个大小相等、方向相反的反作用力）。在现代工程学中，牛顿的三大运动定律被广泛应用于设计和分析各种机械系统和结构。例如，在汽车工程中，通过计算力和加速度来设计悬挂系统和制动系统；在航空航天领域，利用这些定律来预测和控制飞行器的运动轨迹。

使用 AI 模型，提示及回答如下。

🤖 提示　　请描述牛顿的三大运动定律，并解释它们在现代工程学中的应用。

❋ AI 回答

牛顿的三大运动定律是经典力学的基础，它们描述了物体如何响应外力。以下是这三大运动定律的简要描述以及它们在现代工程学中的一些应用。

1. 惯性定律（牛顿第一定律）

描述：一个物体若不受外力，或所受外力相互平衡，则其静止状态或匀速直线运动状态不会改变。

应用：在现代工程学中，惯性定律是许多设计的基础。例如，安全带就是基于乘客在车辆急刹时由于惯性继续前行的原理设计的。同样，在航空航天领域，确保飞行器在外力作用下的稳定性和预测性响应的原理是惯性定律。

2. 加速度定律（牛顿第二定律）

描述：一个物体的加速度与作用在其上的净力成正比，与它的质量成反比，加速度的方向与外力的方向相同。

应用：在现代工程学中，加速度定律是设计和分析动态系统时的核心原理。例如，汽车引擎的输出功率必须与车辆的质量和所需的加速度相匹配。在建筑领域，在结构设计方面必须考虑到可能的载荷，以确保结构能够承受并按照预期方式响应外力。

3. 作用与反作用定律（牛顿第三定律）

描述：对于任意两个相互作用的物体，它们之间的作用力和反作用力总是大小相等、方向相反的，并且作用在同一直线上。

应用：在现代工程学中，作用与反作用定律对设计各种机械系统至关重要。例如，在设计火箭时，推进剂向下喷射的力与火箭向上加速的力就是一对作用力和反作用力。在机械工程中，考虑机器部件之间的相互作用力对避免不必要的磨损和提高效率也是非常重要的。

这些定律不仅适用于宏观物体，也是现代工程学、物理学乃至天文学等领域的基础。在现代社会，尽管牛顿三大运动定律在量子尺度或相对论效应显著的条件下不再完全适用，但它们在大多数日常工程应用中仍然是准确和实用的。

这个范例要求 AI 模型理解并正确回应关于牛顿三大运动定律的描述，并要求 AI 模型能够解释这些定律在现代工程学中的应用，以此来检查 AI 模型是否能够理解并正确回应提示的关键信息。通过这个范例，我们可以评估 AI 模型在理解科学概念及其实际应用方面的能力。

5.2.4　逻辑性和可解释性分析

逻辑性和可解释性分析即检查 AI 模型的回答逻辑性和可解释性。例如，针对一个情感分析模型，我们可以检查该模型的回答是否与文字表达的情感一致，以及该回答是否能够解释为何得出该情感结果。

使用 AI 模型，提示及回答如下。

提示　请从积极正面的角度回答 AI 技术对提高教育质量的重要性。

✳ AI 回答

AI 技术对提高教育质量的重要性无法低估，它为教育领域带来了许多积极的影响。

1. 个性化学习：AI 技术可以根据学生的学习风格、水平和需求，提供个性化的学习体验。通过分析学生的学习数据和行为模式，AI 技术可以为学生量身定制教学内容和学习路径，使教学更加有效和有针对性。

2. 智能辅助教学：AI 技术可以为教师提供智能辅助工具和资源，帮助他们更好地准备课程、制定教学计划和评估学生学习成果等。

3. 资源共享和教育全球化：AI 技术可以帮助教育机构和教师共享教学资源，促进教育的全球化和国际合作。通过在线教育平台和虚拟教室，学生可以打破时空限制，获得丰富多样的教育资源和学习机会。

4. 创新的教学工具和资源：AI 技术为教育带来了许多创新的教学工具和资源，例如通过虚拟现实（VR）、增强现实（AR）技术提供沉浸式学习体验，以及利用自然语言处理（NLP）技术进行智能互动和语言学习。这些工具和资源可以增强学生的参与度和学习体验，激发他们的学习兴趣和创造力。

综上所述，AI 技术对提高教育质量具有重要意义，它为教育领域带来了许多新的机遇和可能性，促进了教育的个性化、智能化和全球化发展。通过充分利用 AI 技术，我们可以更好地满足学生和教师的需求，提升教育的效率、质量和公平性，推动教育事业不断向前发展。

这个范例要求 AI 模型不仅要展示 AI 技术在教育中的积极作用，还要提供逻辑性强、可以解释的分析，说明为什么 AI 技术对提高教育质量是重要的。通过这样的方法，我们不仅能够评估 AI 模型在情感分析方面的能力，还能够检验其在逻辑推理和可解释性方面的性能。这样的分析有助于我们理解 AI 模型是否能够提供有说服力的、基于事实的解释，以及它是否能够清晰地传达 AI 技术在教育领域中的积极作用。

5.2.5 视觉化分析

将 AI 模型输出转化为视觉化形式，例如图表、图像或文字结构等，可以帮助我们更直观地理解 AI 模型的行为模式。例如，我们可以使用文字分类模型将输入的文字转化为情感分数的条形图，以便清晰地显示该模型对每种情感的预测。

使用 AI 模型，提示及回答如下。

提示　　请使用 Python 的 Matplotlib 库来绘制一个折线图，展示某公司过去一年中每个月的销售额变化趋势。该折线图的 x 轴为月份，y 轴为销售额，并且图上要标注出每个月份对应的销售额数值，以及该公司的名称和年份。

❋ **AI 回答部分截图（见图 5-1）**

要使用 Python 的 Matplotlib 库绘制一个折线图来展示某公司过去一年中每个月的销售额变化趋势，以下是完整的代码示例：

```python
import matplotlib.pyplot as plt

# 数据准备
months = ['Jan', 'Feb', 'Mar', 'Apr', 'May', 'Jun', 'Jul', 'Aug', 'Sep', 'Oct', 'Nov', 'Dec']
sales = [10000, 12000, 15000, 13000, 16000, 18000, 20000, 19000, 22000, 21000, 23000, 25000]

# 创建折线图
plt.figure(figsize=(10, 6))
plt.plot(months, sales, marker='o', linestyle='-', color='b', label='Monthly Sales')

# 标注每个月份的销售额数值
for i, value in enumerate(sales):
    plt.text(months[i], value + 500, f'{value}', ha='center', va='bottom')

# 添加标题和标签
plt.title('Monthly Sales Trend for Company XYZ (2023)', fontsize=16)
plt.xlabel('Month', fontsize=14)
plt.ylabel('Sales (USD)', fontsize=14)

# 显示网格
plt.grid(True, linestyle='--', alpha=0.7)

# 显示图例
plt.legend()

# 显示图表
plt.show()
```

运行结果：

运行上述代码后，你将看到一个折线图，展示了某公司过去一年中每个月的销售额变化趋势。每个月份的销售额数值都会标注在对应的数据点上方，图表标题包含公司名称和年份。

希望这个示例对你有帮助！

图 5-1

通过分析和解读 AI 模型输出，我们能够深入了解 AI 模型的表现，并发现潜在的问题和找到改进方向，这将有助于我们进一步优化 AI 模型的性能。

5.3　根据反馈调整提示设计

根据反馈调整提示设计是优化提示的除错过程中的最后一步。通过适当地调整和改进提示，我们能够提高 AI 模型的效能和准确性。本节我们将回顾和检查提示的设计，确保其清晰明确且能够引导 AI 模型生成符合期望的回答；同时，将讨论根据反馈进行提示修正和改进的具体方法；还将强调迭代测试和验证的重要性，以确保修正后的提示能够带来实质的改进和优化。

首先，我们要重新审视和检查提示的设计。这一步的目的是确保提示足够清晰和明确，能够有效地引导 AI 模型给出符合我们期望的答案。比如，我们优化一个聊天机器人模型时，就需要检查提示是否提供了充足的背景信息和明确的问题指导。

其次，我们要根据用户的反馈来调整和改进提示。如果发现 AI 模型在回答某类问题时表现不太好，我们可以修改提示中的关键字或者调整提问方式，让 AI 模型更容易给出正确的答案，这样的调整有助于提高 AI 模型在特定问题上的准确率。

最后，我们要通过反复的测试和验证来确保这些调整是有效的。我们可以利用新的测试数据来检验 AI 模型的表现，分析 AI 模型在改进后的提示下是否表现得更好。这有助于我们评估提示的调整是否真正提升了 AI 模型的性能。

总结一下，我们可以把这个过程归纳为 3 个关键步骤。

（1）重新审视提示设计：根据之前的分析结果，再次检查提示的设计，确保其清晰明确，能够有效引导 AI 模型生成符合预期的回答。

（2）根据反馈调整提示：依据用户的反馈，对提示进行适当的调整和改进，以提高 AI 模型在特定问题上的准确性。

（3）测试和验证改进效果：通过迭代的方式，使用新的测试数据来检验和评估 AI 模型在改进后的提示下的表现，确保这些调整能够带来实质性的改进。

简单来说，优化提示的除错过程中，设计出有针对性的测试范例是关键的第一步。然后，分析和理解 AI 模型的输出能帮助我们理解 AI 模型的行为模式并找到改进的机会。最后，根据反馈进行提示的修正和改进，可以帮助我们提升 AI 模型的效率和准确性。通过这些步骤的反复迭代，我们能够不断优化提示，以实现更好的 AI 模型性能，为用户带来更好的体验。

第 6 章　解决复杂问题的高级提示技巧

在解决复杂问题的过程中，高级提示技巧是引领 AI 模型向更深层次的对话和解答能力发展的关键。本章将介绍几项重要的技巧，主要目的在于提升多轮对话的提示设计、处理歧义和理解上下文的能力。这些技巧将帮助 AI 模型更好地理解使用者的需求、回答复杂问题以及提供更加全面和精准的回答。

6.1　多轮对话提示设计

多轮对话是现代对话系统中常见的形式，它要求 AI 模型在回答中保持上下文的连续性和一致性。本节将研究如何使用跟踪对话状态、上下文记忆管理等技术来确保提示的流畅性和准确性，从而提供更贴近真实对话的体验。

- 明确目标：确定对话的目标和意图，明确指导使用者或系统在对话中的行为。
- 上下文记忆管理：在多轮对话中，确保对话的连贯性和一致性，在回答使用者的问题或指导其下一步行动时，要考虑前一轮对话的内容。
- 反馈和确认：及时提供反馈和确认，确保使用者和系统之间的理解是准确的，这可以通过总结前一轮对话内容、提供选项供使用者选择或要求使用者进一步解释来实现。

6.1.1　跟踪对话状态

在每一轮对话中，跟踪对话的状态非常重要，这能确保回答的一致性和连续性。在每一轮对话中，记录并更新对话的状态，以便在后续回答中使用。我们可以使用变量或资料结构来记录和更新对话状态，并确保在每一轮对话中都能够存取和更新相应的资料。例如，使用一本字典来记录使用者的问题和 AI 模型的回答。在每一轮对话结束时，更新字典中的对话状态，以便 AI 模型在下一轮对话中可以根据先前的对话状态回答。

这里就以要求 AI 模型收集成语为例，我们可以在第一轮对话要求收集 10 个成语，在第二轮对话要求收集另外的 10 个成语，同理在第三轮对话要求提供和之前的成语不同的另外 10 个成语。由于每一轮对话系统都会记录使用者的问题和 AI 模型的回答，而且在每一轮对话结束后系统都会更新字典中的对话状态，如此就可以确保每次收集的成语有所不同。

AI 模型的提示和回答示例如下。

提示

请提供 5 个与学习相关的中文成语。

※ AI 回答

与学习相关的中文成语有很多，以下是其中的 5 个。

1. 持之以恒：意味着坚持不懈，始终如一地努力学习。
2. 春华秋实：比喻学习或工作有成果，如同春天开花秋天结果一样。
3. 手不释卷：形容勤奋好学，手里总是拿着书卷，不肯放下。
4. 好学不倦：喜欢学习，从不感到厌倦。
5. 敏而好学：形容人聪明且乐于学习。

提示

请再提供 5 个成语。

※ AI 回答

以下是 5 个与学习相关的中文成语。

1. 勤学苦练：形容非常勤奋地学习和刻苦地练习。
2. 温故知新：通过复习旧知识来领悟新知识，强调了学习过程中回顾和反思的重要性。
3. 博览群书：广泛阅读各种书籍，形容学识渊博。
4. 好学不倦：喜欢学习，从不感到厌倦。
5. 集思广益：集中众人的智慧，以达到更好的效果，体现了合作学习的重要性。

提示

我注意到上一轮中的"好学不倦"已经提供过，请提供一个新成语替换它。

※ AI 回答

勤学好问：形容人勤奋好学，不懂就问。

6.1.2 上下文记忆管理

上下文记忆管理即在每一轮对话中，保存先前的对话。可以使用一个列表或队列来保存多轮对话的历史记录。在每一轮对话结束时，将当前对话添加到列表中。在下一轮对话中，根据需要，从列表中检索先前的对话，以便在回答中考虑先前的信息。确保及时更新上下文记忆，以保持对话的准确性和完整性。

以 AI 模型扮演一位旅游向导为例，我们可以在第一轮对话要求 AI 模型扮演旅游向导的角色，并在第二轮对话要求其推荐几个景点，接着在第三轮对话问其游览建议，最后在第四轮对话问其特色展览和活动，示例如下。

提示

你现在的角色是一名经验丰富的旅游向导。

AI 回答

好的，我将扮演一名经验丰富的旅游向导。

你好！欢迎来到美丽的旅游胜地。在开始你的旅程之前，我想先了解一下你对旅游有什么特别的期望或需求吗？比如你更喜欢自然风光还是历史文化？或者你有没有特别想去的地方或想尝试的活动？这样我可以根据你的兴趣提供更具个性化的建议和服务，确保你的旅行愉快而难忘。

提示

我计划下个月去北京旅行，你能推荐几个旅游景点吗？

AI 回答

当然可以！北京是一个充满历史和文化底蕴的城市，有很多值得一游的景点。以下是几个我为你推荐的旅游景点。

故宫：作为中国最大的古代建筑群，故宫是明清两代的皇家宫殿，内部珍藏了无数文物，展现了古代皇宫的辉煌与壮丽。

天安门广场：作为北京的地标，天安门广场是世界上最大的城市广场之一。你可以在这里欣赏到人民英雄纪念碑、毛主席纪念堂等重要的历史建筑。

长城：作为世界文化遗产，长城是北京的一大名片。八达岭、慕田峪等段落都是不错的选择，你可以感受古代军事防御工程的雄伟与壮观。

除了以上几个景点，北京还有许多其他值得一游的地方，如北海公园、圆明园、798 艺术区等，你可以根据自己的兴趣和时间进行选择。

另外，北京的交通非常便利，你可以选择地铁、公交或出租车前往各个景点。同时，北京的住宿条件也很完善，从豪华酒店到经济型酒店都有，你可以根据自己的预算和需求进行选择。

提示　我想去故宫但担心游客太多，你有什么建议吗？

AI 回答

如果你担心故宫游客太多，我可以给你一些建议，帮助你更好地游览故宫，避开人流高峰期。

首先，建议你提前在官方网站或相关平台预订故宫门票，以确保能够顺利入园。在预订门票时，你可以考虑选择非节假日或工作日的平峰时段，这样游客相对较少，游览体验也会更好。

其次，如果你不想错过故宫的精华部分，但又担心游客拥挤，可以选择参加专业的故宫讲解团。这样不仅可以更深入地了解故宫的历史和文化，还能在专业导游的带领下避开人流高峰区域，更好地欣赏故宫的美景。

再次，如果你对故宫的建筑和文物特别感兴趣，可以考虑在游览前查阅相关资料，了解故宫的布局和各个宫殿的特色。这样在游览时你可以更加有针对性，避免在人流密集的区域浪费时间。

最后，如果你想要更好地体验故宫的文化氛围，可以选择在故宫内参加一些文化活动或讲座。这样不仅可以丰富你的旅行内容，还能在与其他游客的互动中更好地感受故宫的魅力。

总之，通过提前预订门票、选择平峰时段参观、参加专业讲解团以及有针对性地参观等，你可以更好地避开故宫的人流高峰期，拥有愉快而充实的旅行体验。

此外，故宫的开放时间和门票价格可能会因季节和节假日而有所变动，建议你在出行前查阅最新的官方信息。同时，故宫周边也有许多不错的餐馆和小吃摊，你可以品尝到地道的北京美食。

当然，如果你对故宫的历史和文化有浓厚的兴趣，我可以为你推荐一些故宫的特色展览和活动，让你更深入地了解故宫的内涵和魅力。

提示　故宫里都有什么特色展览和活动呀？

AI 回答

故宫里经常会有各种特色展览和活动，让游客们能够更深入地了解和体验中国的传统文化。针对你的兴趣，我为你推荐以下几个当前或即将在故宫举办的特色展览和活动。

首先，如果你对宫廷文化感兴趣，那么不要错过故宫的原状陈列。原状宫殿中的陈设都是严格遵循历史档案记载去选择与布置的，力求恢复历史宫殿原貌。你可以在这里真切地感受到厚重的历史文化氛围，领略古代宫廷的辉煌与壮丽。

> 其次，故宫还会定期举办各种专题展览。比如，近年来非常受欢迎的故宫藏珍系列展览，展示了故宫博物院珍藏的各类文物，包括书画、玉器、陶瓷等。这些珍贵的文物不仅具有极高的艺术价值，还是中华文化的瑰宝，值得你一睹真容。
>
> 最后，故宫还会结合传统节日或重要纪念日举办特色活动。比如，在春节期间，故宫会推出丰富的文化活动和展览，让游客们在欣赏古代建筑的同时，也能感受到浓厚的节日氛围。
>
> 你可以通过故宫博物院的官方网站或社交媒体平台获取最新的展览和活动资讯。同时，故宫还会在现场提供详细的展览和活动介绍，方便你更好地了解和参与。
>
> 另外，如果你对故宫的宫廷文化、建筑风格或藏品背后的历史故事有特别的兴趣，也可以告诉我，我会尽量为你提供更详细的信息和建议。

通过这个示例，我们可以看到 AI 模型如何利用上下文记忆来管理多轮对话。在每一轮对话中，AI 模型都会考虑到之前的对话内容，并根据这些信息来调整和优化其回答，以更好地满足使用者的需求和兴趣。这种上下文记忆管理的能力对提供个性化和连贯的使用者体验至关重要。

6.2　处理歧义和理解上下文的技巧

在人类对话中，处理歧义和理解上下文是常见而具有挑战性的问题。本节将介绍一些关键技巧，帮助 AI 模型更好地处理提示中的歧义并适应动态的上下文。这将使 AI 模型能够更好地回答复杂问题，并在不同场景中更灵活地满足使用者的需求。

- 澄清歧义。当遇到有歧义的语句或问题时，可以要求使用者提供更多的上下文或进一步解释。这有助于 AI 模型厘清使用者的意图并更准确地回答问题。
- 适应上下文。在多轮对话中，确保记住前一轮对话的内容并根据该内容提供相应的回答。这可以通过保存上下文信息、使用代词或回顾前一轮对话内容来实现。
- 提供关联信息。当处理多轮对话时，可以提供相关的附加信息或背景知识，以帮助使用者更好地理解回答。这可以通过提供相关链接、解释专有名词或引用先前的对话内容来实现。

6.2.1　处理歧义的技巧

处理歧义是至关重要的。当遇到有歧义的语句时，重点是解析其中的歧义。AI 模型使用自然语言处理技术，例如词义消歧或语义角色标注，以更好地理解问题的含义；根据上下文和其他提示，选择最合适的解释并提供相应的回答。如果无法确定歧义语句的含义，可以请求使用者进一步澄清或提供多个可能的解释，以让使用者进一步指导或确认。

以下是一些关于处理歧义的技巧的例子。

第一个例子，使用者输入"我需要一本苹果书"，AI模型可能无法判断指的是关于苹果公司的书还是关于苹果这种水果的书，这种情况下使用者就必须更明确地指出到底要的是关于苹果公司的书还是关于苹果这种水果的书。

提示

我需要一本苹果书。

AI 回答

您好，以下是一些与苹果公司相关的书籍推荐。

1.《史蒂夫·乔布斯传（修订版）》：这是乔布斯唯一授权的官方传记，详细描述了他的成长经历和苹果公司的发展历程。

2.《沃兹传：与苹果一起疯狂》：回顾了沃兹的个人成长历程和苹果公司的早期历史。

3.《乔纳森传：首次聚焦苹果首席设计师》：聚焦苹果首席设计师乔纳森·艾夫的传记，揭示了他的设计理念和苹果产品的设计过程。

4. *Designed by Apple in California*：苹果官方出版的设计书，收录了从1998年的iMac到2015年的Apple Pencil的产品设计，展现了苹果设计团队的创新历程。

5.《疯狂的简洁》：揭示了苹果公司成功的秘诀之一——简洁，并分享了作者与乔布斯共事的经历。

6.《硅谷革命：成就苹果公司的疯狂往事》：记录了苹果公司Macintosh计算机开发过程中的趣事、难题和团队的分裂。

7.《蒂姆·库克传：苹果公司的反思与商业的未来》：讲述了蒂姆·库克如何接管苹果公司，并将其发展成为全球最具价值的公司之一。

这些书涵盖了苹果公司的创始人、设计师、产品和企业文化等多个方面，可以为您提供相对全面的信息。

提示

我指的苹果不是苹果公司而是一种水果。

AI 回答

哦，明白了，您是在寻找关于水果苹果的书籍。以下是一些建议。

1.《怎样提高苹果栽培效益》：本书旨在帮助果农和其他相关农业工作者提高苹果栽

培的经济效益，书中详细介绍了苹果树的选种、种植、施肥、灌溉、病虫害防治、修剪、采收和贮藏等各个环节的管理技术。

2.《苹果高效栽培》：本书系统地介绍了苹果高效栽培的理论和技术，内容涵盖了苹果树的生长发育规律、土壤管理、肥料施用、水分管理、病虫害综合防治、整形修剪、花果管理、采后处理等方面。

3.《苹果高产栽培整形与修剪图解》：本书重点介绍了苹果树的整形修剪技术，通过大量的图解和实例，详细讲解了不同树形的整形方法和修剪技巧。

您可以在各大在线书店，如京东、当当网，或者当地的图书馆和书店找到这些书。如果您有特定的需求或兴趣点，可以告诉我，我会为您提供更具体的建议。

第二个例子，使用者输入"我想知道气候情况"，这种情况下 AI 模型可能无法判断使用者要查询哪个地区的气候情况，此时使用者就必须更明确地指出到底要查询的是哪个地区或哪种类型的气候。

> **提示**
>
> 我想知道气候情况。

> **AI 回答**
>
> 你好，暂时查询不到你当前所要查询的气候情况，请你换个问题查询。

> **提示**
>
> 我想知道北京的气候。

> **AI 回答**
>
> 北京的气候属于暖温带半湿润半干旱大陆性季风气候，有明显的四季变化。
> 春季（3 月至 5 月）：春季气温逐渐回升，但早晚温差较大，常有沙尘暴天气。
> 夏季（6 月至 8 月）：夏季炎热多雨，是全年降水量最多的季节。
> 秋季（9 月至 11 月）：秋季秋高气爽，气温逐渐下降，昼夜温差加大。
> 冬季（12 月至次年 2 月）：冬季寒冷干燥，雪少风大，有时会出现雾霾天气。
> 北京四季变化明显，每个季节都有其独特的气候特征。春季和秋季相对干燥，夏季湿润，冬季干燥。夏季降雨和高温同时出现，有利于农作物生长。

> **提示**
>
> 我想了解温带季风气候。

❋ **AI 回答**

　　温带季风气候是一种气候类型，主要分布于北纬35°～55°的亚欧大陆东岸，包括中国的华北、东北，以及朝鲜半岛大部、日本北部和俄罗斯远东部分地区。这种气候类型的特点主要是四季分明，夏季高温多雨，冬季寒冷干燥。

　　在夏季，受热带海洋气团的控制，风从海洋吹向内陆，湿润多雨。夏季太阳高度角增大，昼长，气温较高，从热带海洋吹来的东南季风带来丰沛的降水。而在冬季，受极地大陆气团的控制，风从内陆吹向海洋，大部分地区干燥少雨。冬季寒冷干燥，这是由于纬度较高、离冬季风源地近以及地形平坦等。

　　这种气候类型在全球范围内都显得较为独特，因为它同时拥有寒冷严酷的冬季和炎热潮湿的夏季。在受温带季风气候影响的地区，冬季盛行干燥的偏北风，最冷月平均气温在0℃以下，冬季风带来的寒潮活动频繁，使得这些地区成为同纬度冬天最冷的地方。而到了夏季，季风风向转变，夏季风携带太平洋的暖湿气流北上，气温快速升高，这些地区又成为同纬度夏天最热的地方。

　　总的来说，温带季风气候是一种四季分明、降水季节变化大的气候类型，其独特的季节变化特点使得其分布地区的气候呈现出多样性和复杂性。

6.2.2　理解上下文的技巧

　　正确理解上下文对回答的准确性非常重要。首先建立一个强大的上下文模型，以捕捉先前对话的信息。将先前的对话纳入考虑，理解使用者问题的背景和前提，以提供一致且有连贯性的回答。以下是一些关于理解上下文的技巧的例子。

🤖 **提示**
　　我对园艺很感兴趣，想开始种植一些植物，你能给我一些建议吗？

❋ **AI 回答**

　　作为园艺新手，你可以从一些易于照料的植物开始种植，比如多肉植物、吊兰或者仙人掌。这些植物对环境适应性强，不需要太多的照料。同时，你可以学习基本的土壤准备、浇水和施肥技巧。

🤖 **提示**
　　我之前已经种植过多肉植物和仙人掌了，想要尝试一些新的植物，你有什么建议吗？

✳ **AI 回答**

既然你已经有一些经验，那么可以尝试种植一些开花植物，如玫瑰、郁金香或者薰衣草。这些植物不仅美观，而且能够提供丰富的园艺体验。开花植物需要更多的照料，比如定期修剪、适当浇水和施肥，以及防治病虫害。

提示 我对种植有机蔬菜很感兴趣，你能提供一些建议和步骤吗？

✳ **AI 回答**

种植有机蔬菜是一项很好的园艺活动，可以让你收获新鲜健康的食物。首先，你需要选择适合你所在地气候的蔬菜种子或幼苗。然后，准备一些具备有机认证的土壤和有机肥料。最后，在种植过程中，注意使用天然虫害控制方法，比如引入益虫或者使用植物源性杀虫剂。此外，定期浇水和适当的阳光照射也是必不可少的。

在这个案例中，AI 模型的回答始终建立在先前对话的基础上，并且考虑到了使用者的园艺经验和兴趣点。通过这种方式，AI 模型能够提供更加具体的建议，帮助使用者在园艺方面取得进步。这种对上下文的理解确保了使用者得到连贯且有用的信息，同时也提升了对话的整体质量。

第 7 章 提升提示效果的高级技巧

本章将探索一些进阶的技巧和策略，以提升提示的效果和质量。这些技巧将帮助你更好地运用 AI 模型，让其提供更有价值和个性化的回答。

■ 7.1 策略和规则的组合运用

本节将探讨如何组合运用不同的策略和规则来提高提示的效果。适当的策略和规则的组合运用，可以使 AI 模型生成更具针对性和可靠的回答。

7.1.1 制定明确的策略

制定明确的策略即确定使用 AI 模型时的目标和需求，并制定相应的策略。这可以包括选择适当的提示、定义回答的结构或流程，以及设定回答的风格。当涉及制定明确的策略时，下面提供了一个范例，以供 AIGC 提示工程师参考。

【范例 1】

我们正在开发一个 AI 聊天机器人，并力求通过制定明确的策略来提升其效果和质量。在此之前，我们需要清晰地界定目标和需求，以确保我们的策略与这些目标和需求保持高度一致。

目标：我们的目标是创建一个能够提供准确且有用回答的 AI 聊天机器人，以满足使用者的需求。

需求：根据我们对使用者的调查，使用者期望快速获得精确的回答，并希望回答人性化和友好。

基于以上目标和需求，以下是我们制定的策略。

- 选择适当的提示。在生成回答时，我们将选择具有明确意图和相关性的提示，以引导 AI 聊天机器人生成准确的回答。我们将避免使用模糊或有歧义的提示，以提高回答的准确性。

- 定义回答的结构或流程。我们将制定一个清晰的回答结构或流程，以确保回答的逻辑性和一致性。这将有助于 AI 聊天机器人生成有条理的回答，让使用者更容易理解和遵循。

- 设定回答的风格。我们将依据对使用者的调查和品牌定位，对回答风格进行精细化设定。其中包括采用亲切且自然的语言风格，并在适宜的时刻融入一定的幽默或轻松元素，以此提升使用者的兴趣度和参与积极性。

请根据这些策略进行开发工作，并在实际生成回答时确保其有效性并符合目标和需求。

7.1.2　设计规则

设计规则即设计一组规则或指导原则，用于指导提示的生成。这些规则可以是语法规则、逻辑规则、特定领域的知识规则或人工审核和迭代规则。AI 模型的能力和规则的约束相结合，可以提高提示的准确性和一致性。下面提供了一个关于设计规则的范例，以供 AIGC 提示工程师参考。

【范例 2】

为了提高提示的准确性和一致性，我们需要设计一组规则来指导提示的生成。以下是设计的规则。

- 语法规则。语法规则确保生成的提示符合语法要求，避免产生不合理或含糊不清的回答。请确保提示的结构合理且通顺，使用恰当的词汇和标点符号。
- 逻辑规则。逻辑规则确保生成的提示在逻辑上是一致的。例如，使用者提出具体的问题，回答应直接针对该问题，而不是转换话题或提供不相关的信息。
- 特定领域的知识规则。这些规则可以是领域术语的使用、特定条件下的回答逻辑等，确保 AI 模型在特定领域的提示中遵循相关的规则。
- 人工审核和迭代规则。人工审核和迭代规则用于定期审核生成的提示，检查是否符合设计的规则，根据反馈和评估结果，进行必要的修改和调整，以不断优化和改进提示的质量。

在设计提示的过程中建议遵循这些规则，确保生成的提示既符合规则又能提供准确且一致的回答。

7.1.3　设定权重和优先级

设定权重和优先级是针对不同策略与规则而言的，以便在生成提示时，根据实际情境进行适度调整与平衡。此举有助于兼顾各项要素，如内容准确性、情感传达以及风格偏好。下面提供了一个关于设定权重和优先级的范例，以供 AIGC 提示工程师参考。

【范例 3】

为了在生成提示时达到最佳效果，我们需要设定权重和优先级，以便在不同的情境下进行适当的权衡和调整。以下是我们设定权重和优先级的步骤。

- 确定目标。首先，确定我们的目标是什么。根据情境和需求，我们可能希望在提示中强调内容的准确性、情感表达或风格偏好。请确定我们的主要目标是什么，这将有助于为不同的要素分配权重。

- 权重配置。根据目标和需求，为不同要素分配相应的权重。这些权重可以表示为数字或百分比，用于生成提示时的权衡和调整。请考虑每个要素的重要性，并为其分配合适的权重。
- 优先级设定。对于权重相同的要素，设定优先级来安排顺序和表示重要性。这有助于确保在生成提示时，按照优先级处理相关要素。例如，如果内容准确性是最重要的，则将其设置为最高优先级，以确保生成提示的准确性。
- 反馈和调整。定期检查生成的提示，评估其效果并收集反馈。根据反馈和评估结果，进行必要的调整和优化。根据实际效果和使用者需求，可能需要重新设定权重和优先级，以达到更好的提示效果。

请在设定权重和优先级时遵循这些步骤，以确保在生成提示时能够平衡不同要素并达到最佳效果。

7.2　引入外部知识和资源的提示设计

本节将研究如何利用外部知识和资源充实提示的内容。外部知识和资源可能包括但不限于领域专家的智慧、网络资讯，以及语料库等所提供的信息。通过巧妙地整合这些知识和资源，AI 模型可以为使用者提供更加深入和专业化的回答。

7.2.1　整合外部知识

将外部知识库、百科全书等外部知识与 AI 模型结合使用，可以提供更深入和具体的回答。这包括引用权威观点、给出详尽阐述或列举实例等。

下面将展示如何将外部知识库与 AI 模型巧妙结合，从而为使用者提供更为深入且具体的解答。

- 识别关键字或主题。识别关键字或主题可通过分析对话内容或直接从使用者提供的问题中提取来实现。
- 查询外部知识库。根据识别到的关键字或主题，使用适当的工具，向外部知识库进行查询。
- 分析外部知识库的回应。在收集到外部知识库的回应后，我们需要对其进行深入分析。通过自然语言处理技术和关键字匹配等方法，我们可以检查这些回应中是否包含与使用者问题相关的关键信息，比如专家的独到见解、详尽的解释或生动的实例。这些步骤有助于我们筛选出对使用者有价值的信息。
- 整合回答。在整合外部知识库的回应与 AI 模型生成的答案时，我们应充分发挥二者的优势。若外部知识库提供了更为具体和详细的解释或实例，我们可将其巧妙地引用或总结，从而为使用者呈现更深入的解答。同时，AI 模型生成的答案则能够为我们提供更为广泛的背景知识和多元观点，使回答更全面和丰富。通过二者的有机结合，我们能够为使用者提供既深入又全面的回答。

- 生成最终回答。基于整合后的信息，我们可以调用 AI 模型的 API，将这些经过筛选和整合的信息传递给 AI 模型。随后，AI 模型将依据这些信息生成最终的回答。
- 审查和调整回答。仔细审查生成的回答，确保其准确性和清晰度。如果发现任何需要改进的地方，我们将进行必要的微调或修改，直至回答完全符合专业 AIGC 提示工程师的高标准，从而为使用者提供精准且易于理解的回答。

在整合外部知识库的回应和 AI 模型生成的答案来提供更具深度和全面性的回答时，建议根据实际的情境和可用的资源进行。提示的细节可能会有所变化，但以上例子可以作为参考来指导整合回答的工作。

7.2.2　利用外部 API

利用外部 API，将 AI 模型与其他服务或资源连接起来。例如，整合地理位置服务、天气信息或实时新闻等的 API，以提供更具实用价值的回答。

- 确定需要整合的外部 API。

请确定需要整合的外部 API，例如地理位置服务、天气信息或实时新闻等的 API。评估这些 API 的可用性和适用性，并选择与回答相关的 API。

- 获取 API 文件和存取权限。

请务必获取目标 API 的详尽文件，文件内容需包含 API 的端点（即发起 API 请求的地址）、请求与响应的格式规范、必要的参数设置等。同时，请确保已拥有相应的 API 访问权限，以便在 AI 模型中进行合规的 API 调用操作。

- 整合 API 至回答流程中。

基于所选 API 的文件规范，我们可以精准地将相应的 API 整合至回答的流程之中。确保在合适的时机与场景下发起 API 请求，以便获取所需信息，并将其无缝地融入最终回答中，从而提升回答的质量和完整性。

- 处理 API 的呼叫和回应。

根据 API 文件，设计和实现处理 API 呼叫和回应的逻辑。确保正确处理 API 的回应，解析所需的信息，并在回答中使用这些信息。

- 考虑 API 的限制和进行异常处理。

在整合 API 时，务必注意其使用限制，如呼叫速率和配额等。设计时应充分考虑这些限制，并构建有效的异常处理机制，以应对可能出现的错误或异常情况。

这些原则有助于 AIGC 提示工程师有效利用外部 API,整合其他服务或资源,进而提供更具实用价值的回答。请依据具体的 API 和需求进行恰当的设置和开发。

当要求 AI 模型整合外部 API 时,以下是一个基于 Python 程序代码的例子。

```python
import requests

def get_weather(city):
    # 使用天气 API,取得指定城市的天气信息
    api_key = "YOUR_ACTUAL_API_KEY"  # 替换为实际的 API 密钥
    url = "https://{api_domain}/v1/current.json?key={api_key}&q={city}"
    try:
        response = requests.get(url)
        response.raise_for_status()  # 如果请求失败,这里会抛出 HTTPError 异常
        data = response.json()
        # 提取所需的天气信息,例如温度和天气状况
        temperature = data["current"]["temp_c"]
        condition = data["current"]["condition"]["text"]
        return f" 现在的天气状况:{condition},温度:{temperature}° C"
    except requests.HTTPError as http_err:
        print(f"HTTP error occurred: {http_err}")
    except Exception as err:
        print(f"An error occurred: {err}")
    return None


def process_input(input_text):
    # 判断使用者的输入,并根据指令进行相应的处理
    if " 天气 " in input_text:
        # 提取城市名称
        city = extract_city(input_text)
        if city:
            # 调用 get_weather 函数,提取天气信息
            weather_info = get_weather(city)
            return weather_info
        else:
            return " 请提供有效的城市名称。"
    else:
        return " 抱歉,我无法处理该指令。"


def extract_city(input_text):
    # 从使用者输入中提取城市名称
    # 这里需要实现具体的提取逻辑
    # ...
```

```
    pass  # 暂时留空, 待实现

# 主程序
user_input = "给我查一下北京的天气。"
output = process_input(user_input)
print(output)
```

在上面的例子中，使用了一个天气 API 的外部资源，利用它来获取天气信息。这段程序代码向我们展示了如何根据使用者的输入指令提取城市名称，然后利用这个天气 API 查询并获取指定城市的天气状况，随后，程序将获取的天气信息准确无误地反馈给使用者。

不过，需要强调的是，这只是一个基础的示例，旨在展示基本的操作流程。在实际应用中，你需要根据所使用的 API 的具体要求和实际需求进行相应的代码调整。此外，使用外部 API 通常需要先获得相应的 API 密钥或授权，这是确保合法访问和获取数据的关键步骤。

7.2.3　发挥社群优势

为了提供更全面、更多元的内容，我们需要充分利用社群的智慧。通过收集并整合社群提供的知识和资源，能够为使用者提供更加精准、有用的信息。这一过程可以通过多种方式实现，比如积极收集使用者的反馈，搭建问答平台让使用者相互帮助，或利用协作工具促进使用者之间的合作与交流，真正发挥集体智慧的力量，不断提升提示内容的质量和价值。

- 利用使用者反馈。

收集和分析使用者的反馈，包括他们的意见、建议和改进想法。建立一个机制，让使用者能够方便地提供反馈。整理这些反馈并提取有价值的知识和资源，以便在内容中加以利用。

- 利用问答平台。

建立一个问答平台或社群讨论区，鼓励使用者在其中提出问题、分享知识和回答其他使用者的问题。持续关注并参与该平台内容建设，将其中具有价值的问答内容纳入内容资源，以充实并使内容多样化。

- 利用协作工具。

使用协作工具，例如共享文档或协作平台，邀请使用者和其他专家贡献他们的知识和资源。定期审阅和整合这些知识和资源，并将其中有价值的纳入内容中，以拓展内容的广度，提升内容的深度。

- 强调多元性和全面性。

确保结合社群智慧的内容具有多元性和全面性。鼓励来自不同背景和领域的使用者参与，并尽量收集和整合来自各种角度的知识和资源。这样可以提供更广泛和全面的内容，以满足不同使用者的需求。

这些技巧可以帮助 AIGC 提示工程师利用社群的智慧，收集并整合使用者提供的知识和资源。请适度调整这些方法以适应具体的社群参与机制和工具。

7.3 控制 AI 模型生成的回答长度和详细程度

在提示工程实践中，控制 AI 模型生成的回答长度和详细程度至关重要。有时，回答可能过于冗长或简略，难以满足使用者的需求。因此，我们将深入探讨如何平衡回答的长度和详细程度，确保回答既充分又简洁。通过使用一些方法和技巧，我们将能够让 AI 模型提供更符合使用者期望、可读性高的回答。

7.3.1 设定回答长度

针对提示与特定场景，需合理设定生成回答的最大长度。可限制字数或句子数量，确保回答既充分又明了。AIGC 提示工程师在设定回答的最大长度时，应做出明确指示，以确保回答既符合需求又易于理解。

- 限制字数。

将生成的回答限制在指定的字数之内，这将确保回答简洁明了，避免冗赘和重复。示例如下。

> **🤖 提示**
>
> 请简单介绍人工智能的应用，字数在 150 字以内。

> **✳ AI 回答**
>
> 人工智能的应用广泛而深入，涵盖了医疗、教育、金融、交通等多个领域。在医疗领域，人工智能可辅助诊断疾病，提高治疗效率；在教育领域，人工智能提供个性化教学，提升学习效果；在金融领域，人工智能助力风险评估，优化投资决策；在交通领域，人工智能实现智能交通管理，减少拥堵。人工智能的应用不仅提升了社会效率，也改善了人们的生活质量。

- 限制句子数量。

限制生成的回答的句子数量，这将有助于缩短回答，使其更简明扼要。示例如下。

> **🤖 提示**
>
> 请用英语写一篇关于品德的短文，句子数量在 20 句以内。

AI 回答

Character is the essence of a person, defining their values and behaviors. It is forged through honesty, kindness, and respect. Integrity is the backbone of good character, enabling us to stand firm in our beliefs. Compassion leads us to empathize with others, fostering understanding and harmony. Respect towards all creates a foundation for mutual trust and cooperation. Without these virtues, society lacks cohesion and progress. Therefore, cultivating good character is crucial for personal growth and societal well-being.

● 设定合适的生成回答的长度。

根据提示内容和特定场景，设定一个合适的生成回答的长度。要考虑到回答的清晰度和可读性，以确保回答既包含必要的信息，又不过于冗长。示例如下。

提示　　请推荐一些有效的网络营销方法，以助我更好地进行市场推广和品牌建设。请将回答控制在 500 字以内。

AI 回答

以下是几种有效的网络营销方法，可以帮助你更好地进行市场推广和品牌建设。

1. 搜索引擎优化：通过优化网站内容、结构以及链接等，提高网站在搜索引擎中的排名，从而吸引更多的潜在客户。

2. 内容营销：创建和发布有价值的内容，如文章、视频、社交媒体帖子等，以吸引和保留目标客户。这不仅可以提高品牌知名度，还能建立与客户的信任关系。

3. 社交媒体营销：利用社交媒体平台（如微博、微信、抖音等）进行品牌推广和互动营销。发布有趣、有用的内容，以及与粉丝互动，可以扩大品牌影响力并吸引更多潜在客户。

4. 电子邮件营销：通过发送定制化的电子邮件，向潜在客户和现有客户推广产品和服务。这种营销方式具有成本效益高、针对性强的特点。

5. 网络广告：在搜索引擎、社交媒体或其他在线平台上投放网络广告，以快速吸引目标客户的注意力。可以根据客户的兴趣、行为等因素精准投放网络广告。

6. 影响者营销：与具有影响力的个人或机构合作，利用他们的影响力和粉丝基础来推广品牌。这可以提升品牌的曝光度，提高品牌信誉。

这些网络营销方法各有优势，你可以根据企业的实际情况和目标客户的需求，选择适合自己的营销方法。同时，定期评估和调整营销方法，以确保其效果最佳。

● 强调简洁明了。

向 AI 模型强调生成的回答应简洁明了，尽量避免冗长的句子或多余的解释，专注于传达最重要的信息。示例如下。

提示　　请举例讲述环保的重要性。

AI 回答

环保的重要性不言而喻，它关乎我们每个人的生存与健康，更与地球的未来息息相关。

首先，环保对维护生态平衡至关重要。地球是一个复杂的生态系统，各种生物和环境因素相互依存、相互影响。一旦某个环节遭受破坏，可能引发整个生态系统的连锁反应，导致物种灭绝、资源枯竭等严重后果。例如，过度砍伐森林会导致土壤流失、水源减少，进而影响农业生产和人类生活。而保护森林，不仅有助于维护生物多样性，还能起到调节气候、净化空气的作用。

其次，环保对保障人类健康具有重要意义。环境污染会导致许多疾病，如空气污染会引发呼吸道疾病，水污染会导致消化系统问题，等等。加强环保措施，减少污染物的排放，可以改善环境质量，降低疾病发生率，提高人们的生活质量。

最后，环保也是实现可持续发展的基础。随着人口的增长和经济的发展，资源需求不断增加，环境压力日益增大。只有坚持环保，合理利用资源，才能实现经济、社会和环境的协调发展。例如，推广清洁能源、发展循环经济等环保产业，不仅可以减少对环境的破坏，还能创造新的经济增长点，推动社会进步。

综上所述，环保的重要性不容忽视。我们每个人都应该积极参与环保行动，从小事做起，如减少使用一次性塑料制品、节约用水用电、分类投放垃圾等，共同为地球的未来贡献力量。

提示

请简要回答上述的内容。

AI 回答

环保至关重要，它维护生态平衡，保障人类健康，是实现可持续发展的基础。破坏环境会导致生态失衡、资源枯竭，引发各种健康问题。只有加强环保措施，合理利用资源，才能促进经济、社会和环境的协调发展。每个人都应积极参与环保行动，为地球的未来贡献力量。

这些技巧可以帮助 AIGC 提示工程师确保 AI 模型的回答简明扼要。根据具体的情境和需求，可适度调整生成回答长度的设定。

7.3.2 创建摘要

为生成的回答创建摘要，可以提取其中最重要的信息。这有助于避免冗赘和重复，使回答更加精练。

一、要求摘要特定内容

要求 AI 模型生成摘要，提取给定内容的关键信息。确保摘要具有清晰的逻辑和流畅的表达。要求 AI 模型提取给定内容中最重要的信息，并以简洁的方式呈现。示例如下。

提示

请为以下内容创建摘要，提取其中最重要的信息，并以简洁的方式呈现。

数字人直播，作为近年来直播领域的新兴概念，是指利用先进的数字技术和人工智能技术，创造出逼真的虚拟主播进行直播活动。这一创新形式源于人们对更加多元化、个性化的直播体验的追求。

数字人直播在直播领域的重要性日益凸显，其优势在于突破了传统直播的限制，提供了更多元化的主播形象和风格选择。同时，数字人主播不受时间、地点限制，可以随时随地与观众互动，极大地丰富了直播内容。

在实际应用中，数字人直播已经取得了显著的效果。例如，在品牌推广活动中，数字人主播以其独特的形象和魅力，吸引了大量观众的关注和参与，有效提升了品牌知名度和影响力。

展望未来，随着数字技术和人工智能技术的不断发展，数字人直播将呈现出更加广阔的应用前景和发展空间。我们有理由相信，数字人直播将成为未来直播领域的重要趋势之一，为人们带来更加精彩、更加个性化的直播体验。

✱ AI 回答

数字人直播是近年来兴起的直播形式，指利用数字技术与人工智能技术创造虚拟主播进行直播活动。它突破传统限制，提供多元化主播选择，不受时空限制，丰富直播内容。数字人直播在品牌推广中效果显著，能提升品牌知名度。随着技术发展，数字人直播前景广阔，将成为未来直播领域的重要趋势，为人们带来个性化的直播体验。

二、指定摘要的长度

要求 AI 模型创建摘要，长度不超过指定字数或句数。摘要中只保留最重要的信息，使内容更加简洁和易于理解。

提示

请为以下内容创建摘要，长度不超过 5 句。

语音辨识与自然语言处理技术在本质上紧密相连，但机器对语言深度理解的复杂度远超过单纯的语音辨识。在自然语言处理领域，首要步骤是断词和理解词，这涉及对语意、文字聚类、文本摘要、关键词分析、敏感用语以及文法的综合处理。基于大量标注的语料库，机器通过深度学习来解析单词或短句在段落中的使用方式，并通过广泛的文本分析进行语言学习。这一过程旨在精确辨别与译码，探索词汇间的语意距离，进而构建语言处理模型，最终实现人机对话。随着深度学习技术的不断进步，自然语言处理技术的应用范围日益广泛。鉴于机器能够 24 小时不间断工作且保持极低的错误率，企业对自然语言处理技术的采纳率显著增长。目前，自然语言处理技术已广泛应用于电商、营销、订阅经济、金融、智能家电、医疗、旅游及客服等多个领域。这些领域通过自然语言处理技术实现了更高效、精准的语言处理，推动了人机交互的进一步发展。

✷ AI 回答

语音辨识与自然语言处理技术紧密相连，但机器对语言的深度理解更复杂。自然语言处理技术通过断词、理解词和深度学习处理语言，构建语言处理模型以实现人机对话。随着深度学习技术的进步，自然语言处理技术的应用范围日益广泛，企业采纳率增长，推动人机交互进一步发展。

三、采用文本摘要技术

采用文本摘要技术，我们能够创建既简洁又富有意义的摘要。在创建摘要的过程中，应评估每个句子的重要性，同时考虑关键词的出现频率，从而精准地决定哪些内容应被纳入摘要，确保摘要的准确性和信息量。

四、强调简洁性和重要性

请确保摘要内容言简意赅且价值凸显，摒弃冗词赘句与重复信息，专注核心要点。这将使摘要更为流畅，使人们对其的理解更为透彻。

这些技巧能够有力指导 AIGC 提示工程师高效地创建摘要，精准提炼内容的核心信息，并以简洁明了的方式呈现。在实际应用中，建议根据具体的任务需求和内容特点灵活使用技巧，以确保摘要的准确性和实用性。

7.3.3 调整回答的详细程度

针对使用者的个性化需求以及问题的复杂程度，我们应灵活调整回答的详细程度。在某些情况下，提供详细的解释或生动的范例将大有裨益；而在某些情况下，简洁明了的回答则更为贴切和高效。

当需要调整回答的详细程度时，AIGC 提示工程师可以这样下达指示。

一、提供更详细的解释或范例

根据使用者的需求和问题的复杂性，提供更详细的解释或范例，这将帮助使用者更好地理解问题的背景和相关概念。请确保解释清晰，范例具体且具有代表性。

🤖 提示

我当前需要将两个表格进行关联，其中一个表格名为"产品清单"，另一个表格名为"价格表"。在"价格表"中，A 列是产品编号，B 列是对应的价格。现在我希望在"产品清单"表格中新增一列，用于显示每个产品的价格。请问在这种情况下，我应该如何运用函数公式来满足这个需求？

✷ AI 回答

你可以使用 VLOOKUP 函数来满足这个需求。假设"产品清单"表格的产品编号在 A 列，你可以在 C 列（或者其他你希望显示每个产品的价格的列）输入以下公式。

=VLOOKUP(A2, 价格表！A:B, 2, FALSE)

这里解释一下这个公式的各个部分。

（1）"A2"表示当前行的产品编号。

（2）"价格表！A:B"表示要查找的数据范围为"价格表"的 A 列和 B 列。你可以根据实际情况调整数据范围。

（3）"2"表示你希望返回的值在所查找数据范围的第二列中，即"价格表"的 B 列。

（4）"FALSE"表示需要精确匹配产品编号。

将这个公式应用到"产品清单"表格的每一行，就可以得到每个产品对应的价格。

请确保"价格表"中的每个产品编号是唯一的，并且已经正确排序，因为 VLOOKUP 函数是在第一列中从上到下查找的。如果"价格表"中的产品编号没有排序，VLOOKUP 函数仍然可以执行任务，但准确性可能会受到影响。

如果你的产品编号有重复的部分，并且一个编号对应多个价格，那么你可能需要使用其他方法，如组合使用 INDEX 和 MATCH 函数，或者考虑使用数据透视表来聚合数据。

此时，可以将公式复制到 Excel 中，以验证回答内容是否正确，如图 7-1 所示。

图 7-1

二、提供简单直接的答案

为了简化回答，可以要求 AI 模型提供一个简单直接的答案，无须过多解释或范例，这有助于使用者快速获得所需信息。

> **提示**　　A 列是姓名，B 列是科目，C 列是分数，请提供一个可以筛选出数学科目中分数大于 90 分的 Excel 函数公式。请提供一个简单直接的答案，无须过多解释或范例。

✳ AI 回答

请使用以下公式：
=FILTER(C:C,(B:B=" 数学 ")*(C:C>90))

三、根据问题的复杂性进行适当的调整

请根据问题的复杂性适当地调整回答的详细程度。如果问题相对简单，可以要求 AI 模型提供简单明了的回答；如果问题较为复杂，可以要求 AI 模型提供更详尽的解释和相关范例。

🤖 **提示**   请用 Python 编写一个简单的小游戏，要求包含游戏规则、玩家操作等。

✴ **AI 回答**（见图 7-2）

好的，下面是一个简单的猜数字游戏的 Python 代码示例。

```python
import random

def play_game():
    # 生成一个1到100之间的随机数
    number_to_guess = random.randint(1, 100)
    guess = None
    attempts = 0

    print("欢迎来到猜数字游戏！")
    print("我已经想好了一个1到100之间的数字，你需要来猜一猜。")

    while guess != number_to_guess:
        try:
            guess = int(input("请输入你的猜测: "))
        except ValueError:
            print("无效输入，请输入一个整数。")
            continue

        attempts += 1

        if guess < number_to_guess:
            print("猜小了，再试一次。")
        elif guess > number_to_guess:
            print("猜大了，再试一次。")

    print(f"恭喜你，你在{attempts}次尝试后猜对了数字{number_to_guess}！")

if __name__ == "__main__":
    play_game()
```

这个游戏会生成一个 1 到 100 之间的随机数，然后让玩家来猜。玩家每次输入一个猜测的数字，程序会告诉玩家猜得过大还是过小，直到玩家猜对为止。最后，程序会告诉玩家他们猜对的数字以及他们猜了多少次。

请注意，这是一个非常基础的版本，没有考虑很多可能的情况，比如玩家输入的不是数字，或者玩家想要退出游戏等。在实际开发中，你可能需要增加更多的错误处理和玩家交互功能。

图 7-2

　　这些技巧能够有效地协助 AIGC 提示工程师根据使用者的具体需求以及问题的复杂程度,灵活地调整回答的详细程度。在实际应用中,AIGC 提示工程师应根据具体情况灵活运用这些技巧,确保回答既能够满足使用者的需求,又不会过于冗长或过于简略。这样不仅能够提供高效、精准的解决方案,还能提升使用者的满意度和信任度。

第 8 章 酷炫的生成式 AI 绘图与视频平台

AI 技术正以惊人的速度在多个领域内蓬勃发展与广泛应用。其中，生成式 AI 在绘图和视频制作方面发展极为迅速，该技术巧妙融合了机器学习、图像处理技术与创意艺术的精髓，依托算法生成一系列深受人类艺术家作品启发的图像、绘画及视频作品。此技术不仅在艺术创作领域展现出了巨大的潜力和价值，同时也在游戏开发、设计、影视制作等多个关键领域中扮演着至关重要的角色。

8.1　认识生成式 AI 绘图与视频的魅力

本节将首先介绍生成式 AI 绘图和视频的基本概念和原理。生成式 AI 绘图和视频是指利用深度学习和生成对抗网络（Generative Adversarial Network，GAN）等技术，使机器生成逼真、创造性的图像、视频和绘画。深度学习是 AI 技术的一个分支，可以看作具有更多层次的机器学习算法。

GAN 是一种深度学习模型，用于生成逼真的假数据。GAN 由两个主要组件组成：产生器（Generator）和判别器（Discriminator）。产生器是一个神经网络模型，它接收一组随机噪声，并试图生成与训练数据相似的新数据。换句话说，产生器的目标是生成具有类似统计特征的数据，例如图片、音频、文本等。产生器的输出会被传递给判别器进行评估。判别器也是一个神经网络模型，它的目标是区分产生器生成的数据和真实训练数据。判别器接收由产生器生成的数据和真实数据的样本，并试图预测输入数据来自产生器还是真实数据。判别器的输出是一个概率值，表示输入数据是真实数据的概率。

GAN 的核心概念是产生器和判别器之间的对抗训练过程。产生器试图欺骗判别器，生成逼真的数据以获得高分；而判别器试图区分产生器生成的数据和真实数据，并给出正确的标签。这种竞争关系迫使产生器不断改进生成的数据，使其越来越接近真实数据的分布，同时判别器也随之提高其能力以更好地辨别真实数据和生成的数据。

通过反复迭代训练产生器和判别器，GAN 可以生成高度逼真的数据。这使得 GAN 在许多领域中都有广泛的应用，包括图像生成、视频合成、音频生成、文本生成等。

生成式 AI 绘图和视频可以应用于以下多个领域。

- 图像生成。生成式 AI 绘图和视频可用于生成逼真的图像，如人像、风景、动物等。这在游戏开发、电影特效和虚拟现实等领域广泛应用。
- 视频合成。生成式 AI 绘图和视频可用于创建逼真的视频内容，如动画、虚拟场景或现实事件的再现。这在电影制作、广告创作和教育培训等方面具有实际应用价值。
- 补全和修复。生成式 AI 绘图和视频可用于图像和视频的补全与修复，填补缺失部分或修复损坏的视觉内容。这在数字修复、旧照片和视频修复以及文化遗产保护等方面具有实际应用价值。
- 艺术创作。生成式 AI 绘图和视频可作为艺术家的辅助工具，提供创作灵感或生成艺术作品的基础。艺术家可以利用这种技术生成图像和视频草图、获得着色建议或创造独特的视觉效果。
- 概念设计。生成式 AI 绘图和视频可用于产品设计、建筑设计等领域，帮助设计师快速生成各种设计概念和想法并使之视觉化。

总之，生成式 AI 绘图和视频通过深度学习和 GAN 等技术，能够自动生成逼真的图像和视频内容，在许多领域中展现出极大的应用潜力。

8.2　常见的 AI 绘图和视频生成平台

随着 AI 技术的飞速发展，AI 绘图和视频生成平台正逐渐改变着我们的创作方式。这些智能工具不仅为专业设计师提供了强大的辅助，也让普通用户能够轻松创作出令人惊叹的艺术作品。接下来，我们将介绍一些常见的 AI 绘图和视频生成平台。

一、AI 绘图生成平台

1. Midjourney

Midjourney 是一个创新的 AI 绘图生成平台，以其强大的生成能力而闻名。它利用先进的 AI 技术，能够根据用户的文字描述快速生成高质量的图像。Midjourney 的界面直观易用，适合各种水平的艺术家和设计师。它不仅支持基本的图像生成，还提供了一系列高级功能，如风格迁移和图像细化，以满足专业用户的需求。此外，Midjourney 还拥有活跃的社区，用户可以在其中分享作品、获取灵感并与其他创作者交流。选择 Midjourney，你将获得一个强大的工具，它可以帮助你将创意转化为视觉作品。

2. DALL-E

DALL-E 是 OpenAI 推出的一个革命性 AI 绘图生成平台，以惊人的创造力和逼真度著称。它能够根据用户的文字描述生成独特的图像。DALL-E 的算法经过深度学习训练，能够理解并创造出令人惊叹的视觉内容。该平台易于操作，用户只需输入描述文字，即可获得高质量的输出图像。DALL-E 不仅适用于艺术创作，还可用于教育、设计和娱乐等领域，是探索 AI 绘图潜力的理想选择之一。

3. 通义万相

通义万相，作为阿里云旗下的创新文生图平台，以其卓越的 AI 绘图技术引领艺术创作新潮流。该平台能够精准捕捉用户的文字描述或草图，生成风格多样、细节丰富的图像作品。它不仅支持从简约到复杂的多种创作风格，还提供了一系列自定义功能，让用户能够细致调整生成的图像，满足个性化的艺术追求。无论是艺术新手还是资深艺术家，通义万相都能为其提供直观易用的体验，助力每一位创作者轻松实现创意构想。

除了上面介绍的 3 个平台，目前许多大模型（即大语言模型）都包含图像生成功能，如文心一言、讯飞星火、腾讯元宝等。

二、AI 视频生成平台

1. Sora

Sora 是 OpenAI 发布的将文本转化为视频的模型，能够根据用户输入的简单文本描述生成长达一分钟的视频。该模型结合了 DALL-E 3 和 GPT 的技术优势，通过强大的机器学习和深度学习技术，生成逼真的虚拟场景和角色，实现丰富的视频生成效果。Sora 的应用领域广泛，包括教育教学、产品演示、内容营销等，为视频制作带来了革命性的变化。

2. 清影 AI

清影 AI 是智谱 AI 旗下智谱清言推出的一项创新功能，它能将文本或图片转化为高清视频，支持卡通 3D、黑白、油画、电影感等多种风格。这一功能不仅限于简单的文本转视频，还涵盖了广告制作、剧情创作及短视频创作等多种应用场景。

3. 可灵

可灵是快手自研的视频生成大模型，具备强大的视频生成能力。它能根据文字描述生成具有复杂运动规律和物理特性的高质量 AI 视频。可灵还融入了图生视频和视频续写功能，用户可通过静态图像生成视频，并一键续写，使创作更加灵活。其背后技术包括 3D 时空联合注意力机制和自研 3D VAE 等，确保了视频的逼真度和物理合理性。可灵不仅简化了视频创作流程，也为创作者提供了丰富的想象空间和创作工具。

8.3 Midjourney 的应用技巧与实践

本节将介绍 Discord 的安装与注册流程以及加入 Midjourney 社区的步骤，同时阐述订阅会员的多样化路径及重要注意事项，并系统介绍提示中语法的结构化应用，帮助读者理解 AI 绘图并使用提示生成自己的 AI 图像作品。

8.3.1 Discord 安装与注册

Midjourney 是基于 Discord 平台的，在使用 Midjourney 之前，首先需要下载并安装 Discord，具体操作步骤如下。

第 1 步　进入 Discord 官网，在下载界面选择要下载的版本，这里单击【Windows 版下载】按钮，如图 8-1 所示。

图 8-1

第 2 步　下载完成，双击 "DiscordSetup.exe" 文件，即可进入更新界面，如图 8-2 所示。

图 8-2

> ↘ **提示**　如果首次安装失败，可以在 "DiscordSetup.exe" 文件上单击鼠标右键，在弹出的快捷菜单中选择【以管理员身份运行】命令。

第 3 步　更新完成，打开【Starting】界面，等待安装，如图 8-3 所示。

第 4 步　安装完成，进入登录界面，可以使用已有的 Discord 账号登录，如果没有账号，单击【注册】按钮，如图 8-4 所示。

图 8-3

图 8-4

第 5 步　打开【创建一个账号】界面，按照提示填写注册信息，单击【继续】按钮，如图 8-5 所示。

图 8-5

> ↘ **提示**　单击【继续】按钮后，需要完成人机验证，只需要选择【我是人类】
> 选项，并根据提示选择下方的图片即可。

第 6 步　邮箱会收到一封验证电子邮件，在电子邮件中单击【Verify Email】按
钮，如图 8-6 所示。

第 7 步　验证完成，在弹出的界面中单击【继续使用 Discord】按钮，如图 8-7
所示。

图 8-6

图 8-7

第 8 步　自动登录并进入 Discord 主页，如图 8-8 所示。

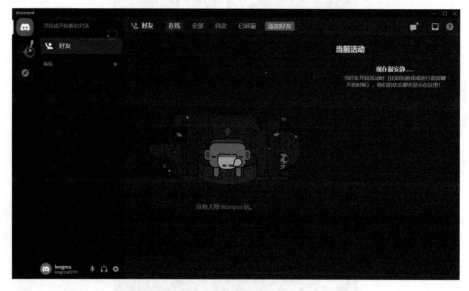

图 8-8

8.3.2 加入 Midjourney 社区

成功登录 Discord 之后，用户还需要进行一些设置才能开始使用 Midjourney。

一、将 Midjourney 加入 Discord

首先需要将 Midjourney 加入 Discord 中，具体操作步骤如下。

第 1 步 进入 Midjourney 官网，单击下方的【Sign Up】按钮，如图 8-9 所示。

图 8-9

第 2 步 根据提示选择 "Continue with Discord" 选项，在打开的界面中单击【加入 Midjourney】按钮，如图 8-10 所示。

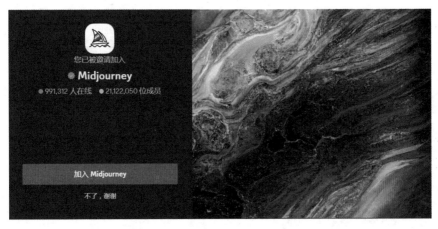

图 8-10

第 3 步 完成人机验证后，即可将 Midjourney 添加至 Discord 中，如图 8-11 所示。

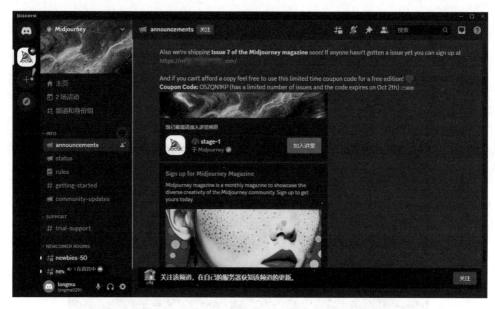

图 8-11

二、设置服务器

添加完成，还需要设置自己的服务器或加入其他服务器，创建服务器的具体操作步骤如下。

第 1 步 单击左上角的【+】按钮，如图 8-12 所示。

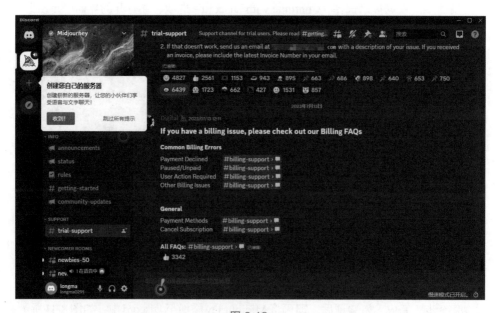

图 8-12

第 2 步　弹出【创建服务器】界面，选择【亲自创建】选项，如图 8-13 所示。

第 3 步　在弹出的界面中选择【仅供我和我的朋友使用】选项，如图 8-14 所示。

图 8-13　　　　　　　　　　　　　　　图 8-14

第 4 步　在弹出的【自定义您的服务器】界面输入服务器名称，也可以单击【UPLOAD】按钮选择图像，设置完成，单击【创建】按钮，如图 8-15 所示。

图 8-15

第 5 步　完成服务器的创建，如图 8-16 所示。

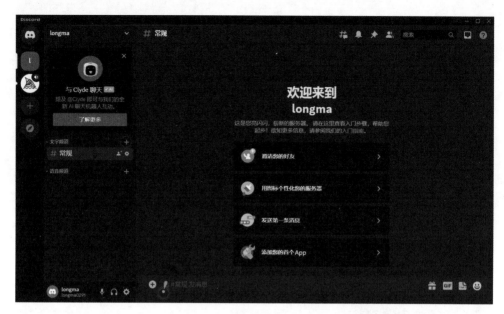

图 8-16

三、完成授权

服务器创建完成后不能生成图片，还需要完成授权，具体操作步骤如下。

第 1 步　单击左上角的【私信】按钮，单击【寻找或开始新的对话】搜索框，如图 8-17 所示。

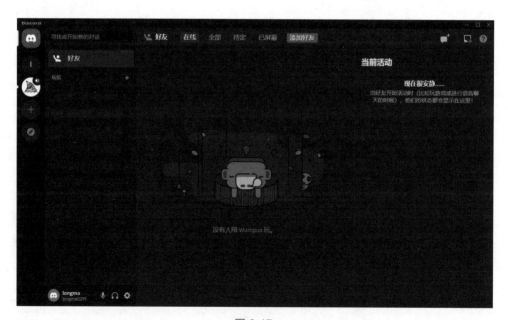

图 8-17

第 2 步　弹出【搜索服务器、频道或私信】界面，输入 "Midjourney Bot"，按【Enter】键，如图 8-18 所示。

第 3 步　在界面左侧【Midjourney Bot】上单击鼠标右键，在弹出的快捷菜单中选择【个人资料】命令，如图 8-19 所示。

图 8-18

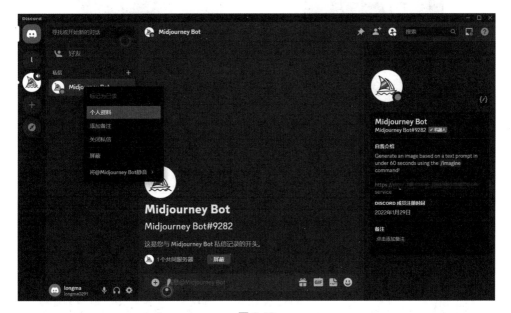

图 8-19

第 4 步　在弹出的界面中单击【添加至服务器】按钮，如图 8-20 所示。

图 8-20

　　第 5 步　打开【外部应用程序】界面，在【添加至服务器】下拉列表中选择创建的 "longma" 服务器，单击【继续】按钮，如图 8-21 所示。

　　第 6 步　在打开的界面中单击【授权】按钮，如图 8-22 所示。

图 8-21　　　　　　　　　　　　　　　　图 8-22

　　第 7 步　根据提示，完成验证，如图 8-23 所示。

　　第 8 步　成功完成授权，直接单击【关闭】按钮，如图 8-24 所示。

图 8-23　　　　　　　　　　　　　　　　图 8-24

　　第 9 步　在 Discord 界面左侧单击新创建的服务器图标，即可开始使用 Midjourney，如图 8-25 所示。

图 8-25

8.3.3　订阅会员有哪些方法与注意点

Midjourney 不是免费的，仅为新用户提供有限的免费使用次数。Midjourney 的订阅服务分为基本计划、标准计划、专业计划和大型计划 4 种，并且可以按月订阅或按年订阅。表 8-1 所示为 Midjourney 不同类型的订阅计费标准。

表 8-1

订阅计费	订阅版本	价格 /（美元 / 月）
按月计费	基本计划	10
	标准计划	30
	专业计划	60
	大型计划	120
按年计费	基本计划	8
	标准计划	24
	专业计划	48
	大型计划	96

不同类型计划的功能如表 8-2 所示。

表 8-2

基本计划	标准计划	专业计划	大型计划
✓ 有限生成数量（200 次／月）	✓ 15 小时快速生成	✓ 30 小时快速生成	✓ 60 小时快速生成
✓ 一般商业条款	✓ 无限生成数量	✓ 无限生成数量	✓ 无限生成数量
✓ 访问会员画廊	✓ 一般商业条款	✓ 一般商业条款	✓ 一般商业条款
✓ 可选信用卡充值	✓ 访问会员画廊	✓ 访问会员画廊	✓ 访问会员画廊
✓ 3 个并发快速作业	✓ 可选信用卡充值	✓ 可选信用卡充值	✓ 可选信用卡充值
	✓ 3 个并发快速作业	✓ 隐藏生成图像	✓ 隐藏生成图像
		✓ 12 个并发快速作业	✓ 12 个并发快速作业

一、订阅 Midjourney

第 1 步　在 Discord 界面下方的文本框中输入 "/subscribe pay"，按【Enter】键，如图 8-26 所示。

图 8-26

第 2 步　在显示的信息中单击【Manage Account】按钮，如图 8-27 所示。

图 8-27

第 3 步　完成人机验证，即可打开【购买订阅】界面，单击要购买的计划类型下的【订阅】按钮，如图 8-28 所示。

第 4 步　选择付款类型，可以选择银行卡支付或使用支付宝支付，如图 8-29 所示，输入相关信息，单击【订阅】按钮完成订阅。

图 8-28

图 8-29

> ❯ **提示**　银行卡支付只支持信用卡，不支持储蓄卡。订购界面银行卡下方的"月份 / 年份"（显示在银行卡正面）"CVC"（CVC 是银行卡的验证码，在银行卡的背面签名栏上方有一串数字，这串数字就是 CVC；银行用它来识别银行卡持有人的身份，只需要填写这串数字的后 3 位）信息可以在银行卡上找到。支付成功后，可以收到提示消息，直接将弹出的消息框关闭即可。

二、取消连续订阅服务

如果是按月计费，则会在每个月自动扣款，如果不想再订阅，可以取消连续订阅服务，具体操作步骤如下。

第 1 步　支付成功，在弹出的界面中单击下方的【Open subscription page】，如图 8-30 所示。

图 8-30

第 2 步　打开【管理订阅】界面，单击【管理】按钮，在弹出的列表中选择【取消计划】选项，如图 8-31 所示。

图 8-31

第 3 步　在弹出的界面中选中【订阅期结束时取消】单选项，单击【确认取消】按钮，如图 8-32 所示。

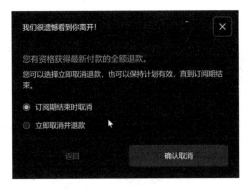

图 8-32

第 4 步　返回【管理订阅】界面，单击【管理】按钮，在弹出的列表中可以看到【取消计划】选项变为【取消取消计划】选项，表明取消连续订阅的服务已经被取消，如图 8-33 所示。

图 8-33

8.3.4　提示的语法结构

在 AI 绘图领域，提示扮演着至关重要的角色，它们犹如一位导演，指导 AI 模型如何创作一幅画作。巧妙组合"主体""风格""渲染""参数"四大关键元素就可以构建出多样的绘图提示。恰当组合这些元素能够引导 AI 模型绘制出符合预期的艺术作品。接下来深入分析四大元素并借助具体实例来阐述其应用效果。

一、主体

首先确立绘图主体，也就是画作的核心主题或者对象。主体可以是具体事物，也可以是抽象概念，如苹果、房子、爱情或孤独等。举例来说，如果希望创作一幅描述梦幻的画作，主体就可以设置为山屋，如图 8-34 所示。

图 8-34

提示　　　Dreamy mountain house.（梦幻的山屋。）

二、风格

其次是风格部分，这是指画作整体风格和氛围，通过指定特定的艺术流派或画家风格来呈现，如印象派、立体主义或凡·高式等。例如指定风格为印象派，生成的画作就具有印象派特色的轻松笔触和明亮色彩，如图 8-35 所示。

图 8-35

Impressionist style dreamy mountain house.（印象派风格的梦 幻山屋。）

三、渲染

再次是渲染部分，这一步骤决定画作的具体表现技巧和视觉质感。可以指定颜料类型（例如油画或水彩）、采用的绘画技法（如粗糙或细腻），甚至画布材质等。以梦幻山屋为例，选择水彩作为渲染方式，如图 8-36 所示。

图 8-36

Dreamy mountain house in watercolor style.（水彩画风的梦幻山屋。）

四、参数

最后是参数部分，这部分涵盖了一些更具体的要求或设置，如色彩配置、空间布局、光源设置等，可以帮助用户更细致地控制画作各个方面。例如设置暖色系，营造梦幻氛围，并要求使用柔和的光源以增强画面梦幻感，如图 8-37 所示。

总而言之，通过主体、风格、渲染、参数四大元素创作提示能具体化想法并引导 AI 模型创作出符合期望的画作。就像例子中的"梦幻山屋"，通过细心设置各项元素可以创作出印象派风格或水彩画风的梦幻画作。

图 8-37

> 💻 提示
>
> Dreamy mountain house through movie lens.（电影镜头下的梦幻山屋。）

8.3.5　创建并分享第一件作品

本小节介绍在 Midjourney 界面中创建一个个性化头像，并分享该作品的相关操作。

> ↘ **提示**　在 Midjourney 中绘制图像，可以使用 "/imagine" 命令，并且需要使用英文提示，如果英文水平不够，可以借助谷歌翻译、有道翻译、DeepL 翻译器等在线翻译软件将中文翻译为英文，也可以借助 DeepSeek、文心一言等 AI 模型将中文翻译为英文。

如果想要用一个活泼的少年作为头像，可以借助 DeepSeek 将中文翻译为英文。

第 1 步　打开 DeepSeek，输入中文 "将下面这段话翻译为英文 绘制一个可爱的、勇敢奔跑的 Q 版少年头像"，得到的结果如图 8-38 所示。

将下面这段话翻译为英文
绘制一个可爱的、勇敢奔跑的 Q 版少年头像

🐦 Draw a cute and brave running head of Q version teenager

图 8-38

第 2 步　复制翻译后的英文，在 Discord 中输入 "/imagine prompt"，并将复制后的英文粘贴至文本框中，按【Enter】键，如图 8-39 所示。

图 8-39

第 3 步　稍等片刻，Midjourney 即可生成 4 张图片，如图 8-40 所示。

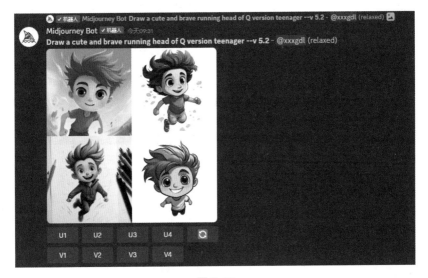

图 8-40

> ↘ **提示**　在图片下方可以看到 "U1" "U2" "U3" "U4" "V1" "V2" "V3" "V4" "■"（刷新）等按钮，其中 "U1" "U2" "U3" "U4" 分别代表左上、右上、左下、右下这 4 张图片，单击对应的按钮可放大图片，查看更多细节；"V1" "V2" "V3" "V4" 则表示细微调整所选图片，会生成与所选图片的整体风格和构图相似的新图片；单击 "■"（刷新）按钮会重新运行提示，生成 4 张新图片。

第 4 步　单击【U4】按钮，稍等片刻，即可显示放大后的图片，如图 8-41 所示。

第 5 步　单击图片，即可放大图片，单击【在浏览器中打开】，如图 8-42 所示。

第 6 步　在浏览器中即可查看大图效果，在图片上单击鼠标右键，在弹出的快捷菜单中选择【图片另存为】命令，保存图片，如图 8-43 所示。

图 8-41

图 8-42

图 8-43

第 7 步　返回 Discord 后，如果想将 "U4" 对应的图片延展，可单击【V4】按钮，如图 8-44 所示。

第 8 步　稍等片刻，Midjourney 即可在第 4 张图片的基础上微调，并生成 4 张类似的图片，如图 8-45 所示。

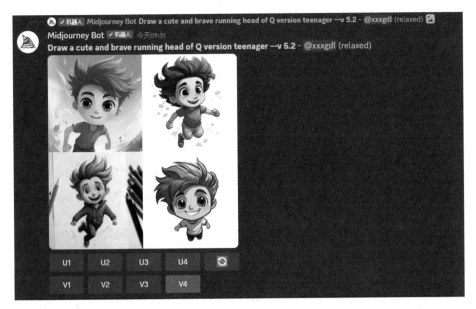

图 8-44

图 8-45

> ↘ **提示**　可以根据需要，重复上面的操作，不断优化新生成的图片，直到满意为止。

8.4　基于文字和图像生成视频内容

本节以清影 AI 为例，讲述如何使用文字和图像生成一段视频。

第 1 步　打开智谱清言的官网，注册并登录账号，在左侧列表中选择【清影 -AI 生视频】选项，如图 8-46 所示。

图 8-46

第 2 步　默认显示【文生视频 2.0】选项卡，也可以切换至【图生视频 2.0】选项卡。这里在【文生视频 2.0】选项卡的【灵感描述】文本框中输入提示，如图 8-47 所示。

图 8-47

> **提示** 文生视频提示与文生图提示有相似之处，但它们也存在显著差异。文生视频提示不仅需要包含主体描述、主体动作、主体细节描述和所处环境描述，还需融入镜头语言和光影效果，以增强视觉冲击力和情感表达。例如，可以通过描述主体的表情、动作和姿态来展现其性格和情感，同时利用镜头的推拉、旋转和缩放等技巧，以及光影的明暗、对比和色彩，来营造氛围、引导观众视线，并强化故事情节。这样的文生视频提示能够为创作者提供更丰富的想象空间，激发更多创作灵感。
>
> 例如，上方提示的结构如下。
>
> 一只卡通小兔坐在彩色蘑菇上（主体描述），手里拿着一支画笔正在画画（主体动作）。它穿着一件带有小花图案的蓝色背心，眼睛闪烁着好奇的光芒（主体细节描述），背景是一个充满奇幻色彩的森林，周围是各种会说话的植物和活泼的小动物（所处环境描述）。
>
> 通过后面的参数，增加视频风格、情感氛围及运镜方式，使内容更加完整。

第 3 步　在【基础参数】下方，可以设置生成模式、视频帧率及视频比例；在【进阶参数】下方，可以设置视频风格、情感氛围、运镜方式。设置完成后，还可以根据需求开启或关闭【AI 音效】及【视频去水印】功能，单击【生成视频】按钮，如图 8-48 所示。

图 8-48

第 4 步　此时可生成视频，并显示生成进度，如图 8-49 所示。

第 5 步　视频生成后，即可预览视频效果，如图 8-50 所示，如果不满意可以重新生成。单击下方的【添加背景乐】按钮 可以添加背景音乐，也可以单击 按钮，下载视频到计算机中。

图 8-49

图 8-50

第 3 篇

提示应用
实战

第 9 章　语言和翻译提示技巧

本章将深入探讨一系列的语言和翻译提示技巧，这些技巧旨在提升表达的准确性，巧妙规避语言中的模糊性与歧义现象，并在跨语言交流中展现出独到的实用价值。无论是日常沟通、文件翻译，还是文学写作与故事讲述，这些技巧都将成为精准表达、规避误解、创造引人入胜内容的得力助手。接下来将对这些语言和翻译提示技巧展开详尽的剖析，共同探寻其背后的奥秘。

■ 9.1　精确的语言表达和翻译

本节将探讨如何精确地表达和翻译内容。无论是书面表达还是口头交流，准确无误地传递信息都是极其重要的。本节将讨论如何使用清晰明确的词语和结构来达到表达的准确性，并介绍翻译中常见的问题和解决方法。

9.1.1　准确理解上下文

理解语句所处的上下文对确定恰当的翻译或表达方式具有至关重要的作用。以下是一些可供参考的示例。

- 请提供一个包含歧义的语句，并描述其上下文。同时，分析各种理解方式可能导致的不同解读结果。最后，提出一个准确且清晰的表达方式，以在特定上下文中消除可能的歧义。
- 请提供一个双关语句，并描述其上下文。同时，请阐述不同的解读方式可能导致的不同意义，并给出一个能够解释并避免误解的翻译或表达方式。
- 请提供一个具有隐含意义或文化背景的语句，并详细描述其上下文。同时，说明理解该语句的含义可能需要的特定背景知识。最后，请提供一个准确且能够传达隐含意义的翻译或表达方式。
- 请提供一个需要上下文来解释其意义的语句，并描述可能的解读方式。同时，请提供一个能够完整理解该语句并传达其意思的翻译或表达方式。

参考这些示例，用户可以得到具体的句子和上下文，使 AI 模型能够协助其解释并选择合适的翻译或表达方式，以确保理解的精确无误，从而避免可能的误解。

以"双关语句"为例，可以向 AI 模型下达如下指令。

> 请提供一个双关语句，并描述其上下文。同时，请阐述不同的解读方式可能导致的不同意义，并给出一个能够解释并避免误解的翻译或表达方式。

提示

❋ AI 回答

双关语句

"这个人真是太会算计了。"

上下文

这句话可以在讨论一个人的财务能力或者其策略性行为时使用。

不同的解读方式可能导致的不同意义。

1.正面意义：在财务管理或商业策略的语境中，这句话可能表示赞扬，意味着这个人非常擅长财务规划或策略布局，能够有效地管理和增加财富。

2.负面意义：在人际关系或道德评价的语境中，这句话可能表示批评，意味着这个人过于精明或狡猾，总是试图在各种情况下为自己谋取最大的利益，甚至可能牺牲他人的利益。

解释并避免误解的翻译或表达方式：为了避免这种双关可能带来的误解，可以更具体地描述你的意思。

1.如果是赞扬对方的财务或策略能力，可以这样说："这个人在财务管理上真是个高手。"

2.如果是批评对方的精明或狡猾，可以这样说："这个人在处理人际关系时太精明了，总是想着自己的利益。"

通过这样的具体描述，可以确保对方理解你的真实意图，避免因为双关语句而产生的混淆或误解。

9.1.2　选择合适的词汇和词组

选择合适的词汇和词组是确保语言表达准确的关键，且要考虑语言风格、语气和目标受众的需求。以下是一些可供参考的示例。

- 请提供一个具有正式风格的语句，同时请详细描述目标受众的特点和期望的语气。为了满足目标受众的需求并维持正式的语言风格，我需要你提供一些词汇和词组的建议。
- 请提供一个能传达轻松和友好气氛的语句。请明确指出目标受众的特点，并描述他们可能喜欢的语气。同时，提供一些词汇和词组的建议，以使语句语气更加自然、亲切，并满足目标受众的特定需求。

- 请提供一个需要使用专业或技术性语言的语句，这个语句应当明确表达出其专业性。同时，请描述该语句的目标受众是谁，以及该语句的语气应是什么。并且，为了确保语句准确且专业，我还需要你提供一些与该领域相关的词汇和词组建议。
- 请提供一个具有说服力或影响力的语句，同时，请描述目标受众和语气。为了帮助我以引人入胜的方式表达并影响目标受众，请提供一些具有说服力的词汇和词组建议。

参考这些示例，用户可以指定目标受众、语气和所需风格，让 AI 模型提供相应的词汇和词组建议，以帮助其选择恰当的词汇和词组，达到准确和有效的语言表达效果。

以"表达轻松或友好风格的语句，并描述目标受众"为例，向 AI 模型下达如下指令。

提示

请以轻松或友好风格，写出两段四联贺词送给新婚好友。

✳ AI 回答

当然，为新婚好友送上祝福是一件非常愉快的事情。以下是两段具有轻松风格的四联贺词。

贺词一
红烛映双喜，金瓶锁良缘。
携手步红毯，同心至白头。

贺词二
两颗心相遇，爱河泛轻舟。
今朝结连理，幸福绕枝头。

9.1.3　保持语言风格一致

确保翻译或表达的语言风格一致，无论是正式的还是非正式的，都要符合原文的风格和语调。以下是一些可供参考的示例。

- 请提供文字模板，该模板需要包含正式和非正式两种风格的句子。我想在整段文字中保持某种语言风格，请提供翻译或表达的建议，以使整段文字的风格一致。
- 请提供文字模板，采用非正式的语言风格，同时保持内容的专业性。我希望将其转换成某种风格，请提供相应的词汇和表达建议，以确保文字风格前后一致。

- 请提供一段非正式对话，并转化为正式的语言风格。我希望适合此场景的语言风格是……，请提供一些能确保语言风格一致性的词汇和词组建议。

参考这些示例，用户可以明确指出要保持的语言风格和需要进行转换的语言风格，让 AI 模型提供相应的建议，确保翻译或表达的风格一致。

以"提供文字模板，包含正式和非正式两种风格的句子"为例，可以向 AI 模型下达如下指令。

> **提示**
>
> 请提供关于尊师重道的文字模板，包含正式和非正式两种风格的句子。

AI 回答

正式风格：

尊师重道，乃中华民族之传统美德，亦为社会文明之基石。在教育的殿堂里，教师是智慧的灯塔，照亮我们前行的道路。我们当以恭敬之心，接受教师之教诲；以谦逊之态，接受教师之指正。尊师重道，不仅是对教师职业的尊重，也是对知识的敬畏、对学问的珍视。让我们共同弘扬这一优良传统，以教师的智慧之光，引领我们走向更加广阔的未来。

非正式风格：

尊师重道，这可是咱们中华民族的老传统了。老师就像我们人生路上的指路明灯，帮我们照亮方向。所以我们要尊敬老师，尊重他们的付出和教导。别忘了，老师可是我们的"知识搬运工"！他们用心传授知识，我们也得用心去学，这样才能不辜负老师的期望。大家都要尊师重道，让这份美德在我们每个人心中生根发芽。

9.2 处理语言歧义和双关语

在语言的运用中，歧义和双关语往往会带来理解上的困扰和混淆。为了确保沟通的准确性和清晰度，本节将深入探讨如何应对这些问题，将详细解析如何识别和应对歧义和双关语，并提供实用的技巧和策略，旨在帮助人们避免误解，实现更加精准和有效的表达。

9.2.1 消除歧义

如果遇到语言歧义，应考虑上下文和相关信息，并根据合理的解释提供提示或翻译。以下是一些可供参考的示例。

- 提供一个包含语言歧义的句子，描述上下文和相关信息。请根据合理的解释给出两种或更多可能的提示或翻译，以帮助消除歧义。
- 提供一段对话，其中有一个词语具有多种可能的含义。描述对话的背景和目的，请根据上下文提供最可能的解释，以帮助消除该词语的歧义。
- 提供一个篇章或故事，其中存在引人注目的语言歧义。描述存在歧义的内容和可能的理解方式，请提供解释该歧义的提示或翻译，以更好地理解内容。

使用者可以参考上述示例，为 AI 模型提供语言歧义的具体情境和相关信息，并要求其给出合理的提示或翻译。这将有助于消除歧义，使表达更加准确和清晰。

以"提供一段对话，其中有一个词语具有多种可能的含义"为例，向 AI 模型下达如下指令。

> **提示**
>
> 　　请提供一段对话，其中有一个词语具有多种可能的含义。详细描述对话的背景和目的，并根据上下文提供最可能的解释，以帮助消除该词语的歧义。

✳ AI 回答

A：昨天的音乐会真是太棒了，你觉得呢？

B：是的，我特别喜欢那位小提琴手的表演。

A：我也是，她的演奏技巧真是无与伦比。不过，我更感兴趣的是那个指挥家，他真的是在带领整个乐团。

B：对，他确实很棒。你注意到了吗？他有时候会用很夸张的动作来指挥。

A：我看到了，但我不太确定他那样做的原因，可能是一种艺术表达吧？

B：可能吧，或者他只是想确保每个乐手都能看到他的指挥。

背景和目的。

这段对话发生在两位朋友讨论昨天参加的一场音乐会之后。他们对音乐会中不同表演者的印象进行了交流，特别是关于指挥家的行为。

词语"指挥"的多重含义及解释。

1. 指挥家的动作，专指乐队或合唱团中的指挥家用手势来引导音乐家演奏的行为。

2. 控制或管理，泛指对任何活动或人员的控制或管理，不仅限于音乐领域。

根据上下文，这里"指挥"最合理的解释是指第一种含义，即乐队指挥家的具体动作。这种解释符合对话背景，因为对话双方都在谈论音乐会以及指挥家如何通过手势引导乐团演奏。

9.2.2　解释双关语

当遇到双关语时，应提供相应的解释，以确保使用者理解其可能的多重含义。

以下是一些可供参考的示例。

- 提供一个包含双关语的句子或短语，描述其上下文和可能的多重含义。请给出该双关语的多种可能解释，并提供相应的说明，以帮助使用者理解其含义。
- 提供一段对话，其中包含一个双关语，并描述其背景和上下文。请解释该双关语的多重含义，并提供相应的解释，以帮助使用者理解其中的双关意味。
- 提供一段具有双关含义的文学作品的摘录或一句诗，并描述该双关语的可能解释方式。请提供不同的解释方式，并提供每种解释方式的说明，以帮助使用者理解该双关语的多重含义。

参考这些示例，使用者可以提供包含双关语的具体句子、对话或文学作品的上下文，并要求 AI 模型给出这些双关语的多种可能含义。这样有助于确保使用者对双关语的多重含义有更好的理解。

下面以"提供一段具有双关含义的文学作品的摘录或一句诗，并描述该双关语的可能解释方式"为例，向 AI 模型下达如下指令。

> 🤖 **提示**
>
> 提供一段具有双关含义的文学作品的摘录或一句诗，并描述该双关语的可能解释方式。

✳ AI 回答

在文学作品中，双关语是一种巧妙运用词语多重含义的修辞手法，它既能增加文本的趣味性，又能深化主题。以下是一句中国古典文学作品中具有双关含义的诗及其可能的解释。

诗句摘录

"东边日出西边雨，道是无晴却有晴。"（刘禹锡《竹枝词二首·其一》）

解释

这句诗中的"晴"字是一个典型的双关语。从字面意思上看，"晴"指的是天气晴朗，没有云彩遮挡太阳，与"雨"相对。但在这里，"晴"字同时也指其谐音字"情"，即情感、情绪。

字面解释：诗句描述了自然界中的一种天气现象，即东边日出阳光明媚，而西边却下起雨来，这种天气现象形成鲜明对比，使景色更加生动。

隐喻解释：在情感层面上，"东边日出西边雨"象征着一个人内心的矛盾与挣扎，一方面，他可能对未来充满期待和希望（如日出般光明），另一方面又面临着现实的困难和挑战（如下雨般阴沉）；而"道是无晴却有晴"则表达了一种复杂的心境，看似冷漠或无情（无晴），实则内心充满热情与爱意（有晴）。

这种双关语的运用，使得诗句既具有自然美，又蕴含了深刻的人生哲理和情感表达，展现了诗人高超的艺术技巧。

9.2.3　与使用者沟通

如果句子中存在歧义或双关语，应与使用者进行沟通以消除歧义，以确保准确理解。以下是一些可供参考的示例。

- 提供一个包含歧义或双关语的对话场景，并描述参与者之间的交流。请提供适当的提问或回答，以帮助一方消除歧义或解释双关语，以确保准确理解。
- 提供一个包含歧义或双关语的文字片段，例如一封邮件或一段对话。请提供一些建议或示范，说明如何与发送者或接收者进行沟通，以澄清歧义或解释双关语，从而确保准确理解。
- 提供一个模拟情境，其中包含一个有歧义或双关的语句。请给出一些与该情境相关的沟通策略，以帮助使用者与其他人进行对话，以澄清歧义或解释双关语，以确保准确理解。

参考这些示例，使用者可以提供具体的对话场景、文字片段或模拟情境，要求 AI 模型提供与使用者进行沟通的建议或示范。这样有助于与使用者进行有效的沟通，以确保准确理解。

下面以"请提供一段包含双关语的对话"为例，向 AI 模型下达如下指令。

🤖 提示

请提供一段包含双关语的对话。

✳ AI 回答

A：昨天我去了一家新开的餐馆，名叫"味蕾乐园"。

B：真的吗？那里的食物怎么样？是不是像餐馆的名字那样令人愉快？

A：嗯，食物确实不错，但是我觉得他们最擅长的是营造气氛。

B：哦？那是什么意思？

A：我去的时候，餐厅里播放着轻松的音乐，装饰也很温馨，但最让人难忘的是服务员。

B：服务员怎么了？

A：他们非常专业，总是确保顾客满意。不过，我发现他们中的一些人在服务上有点过于热心了。

B：哈哈，看来你遇到了一些"有味道"的服务啊！

在这段对话中，"味蕾乐园"这个餐馆名字本身并不构成双关语，而是直接说明了这是一个与美食相关的地方。然而，最后一句中的"'有味道'的服务"是一个双关语。"有味道"通常用来形容食物具有独特的风味，但在这里被用来戏谑地形容服务员的热情服务，暗示这种服务可能超出了常规的范畴，带有一点过分亲近的含义。

9.3 跨语言的提示应用

在如今日益全球化的世界中，跨语言沟通变得越来越普遍。本节将介绍一些跨语言环境中的提示应用，包括如何适应不同的语言和文化背景，以及如何使用翻译工具和技术来改善沟通效果。

9.3.1 提供多国语言支持

根据需要，为不同语言的使用者提供支持，确保他们能够理解并使用系统或服务。以下是一些可供参考的示例。

- 描述你的系统或服务，并指出你希望为不同语言的使用者提供支持。请 AI 模型提供一些建议或策略，说明如何实现多国语言支持，以确保不同语言的使用者能够理解和使用系统或服务。
- 提供一个特定的使用者案例或情境，其中有不同语言的使用者需要使用你的系统或服务。请 AI 模型提供一些方法或技巧，说明如何为这些不同语言的使用者提供支持，以确保他们能够有效地理解和使用系统或服务。
- 说明你的系统或服务的特点和功能，以及你希望为哪些语言的使用者提供支持。请 AI 模型提供一些建议或最佳实践，说明如何实现多国语言支持，包括翻译、本地化或多国语言界面设计等方面的建议。

参考这些示例，你可以描述你的系统或服务的多国语言支持需求，并请求 AI 模型提供相应的建议或策略，以确保不同语言的使用者能够理解和使用你的系统或服务。

下面以类似的"说明你的系统或服务的特点和功能，以及你希望为哪些语言的使用者提供支持"为例，向 AI 模型下达如下指令。

> **提示**　请提供"外国文学中文在线教学软件系统"的特点和功能，以满足使用者母语的需求。

✳ AI 回答

外国文学中文在线教学软件系统，旨在帮助非中文母语者学习外国文学作品的中文翻译。根据搜索结果，以下是这类软件系统可能具备的特点和功能。

1. 多语言支持：软件系统应支持使用者母语的界面和教学内容，以便于使用者理解和学习。

2. 分级课程：根据使用者的中文水平，提供不同难度级别的课程，从基础到高级，逐步深入。

3. 互动学习：通过游戏化学习、互动练习和模拟测试，提高使用者的参与度和学习效果。

4. 文化背景介绍：提供外国文学作品的文化背景介绍，帮助使用者更好地理解作品内容和深层含义。

5. 发音练习：集成语音识别技术，帮助使用者练习正确的中文发音，尤其是文学作品中的对话和诗歌朗诵。

6. 词汇学习：提供文学作品中重要词汇的学习，包括生词、成语、俗语等，并提供用法和例句。

7. 阅读材料：提供丰富的外国文学作品的中文翻译版本，供使用者阅读和学习。

8. 写作指导：教授使用者如何用中文写文学评论和分析，提高写作技能。

9. 在线学习社区：建立在线学习社区，让使用者能够交流学习经验，分享学习资源。

10. 教师资源：为教师提供教学资源和工具，方便他们制定教学计划和评估使用者的学习情况。

11. 个性化学习路径：根据使用者的进度和兴趣，提供个性化的学习建议和路径。

12. 移动学习：支持移动设备学习，使使用者能够随时随地学习。

请注意，上述特点和功能是基于搜索结果的一般性描述，具体软件系统可能会有所不同。

9.3.2　翻译

翻译是指运用翻译机器或其他翻译工具，将文字或对话从一种语言转换为另一种语言，并确保其准确性和流畅度的过程。以下是一些可供参考的示例。

- 描述你的翻译需求，包括你希望转换的语言和翻译的文字或对话内容。请 AI 模型提供一些机器翻译工具或技术的建议，以确保翻译的准确性和流畅度。
- 提供一个具体的案例或情境，其中需要将文字或对话从一种语言转换为另一种语言。描述你期望的翻译结果，例如准确性、流畅度和符合上下文的要求等。请 AI 模型提供一些建议或技巧，说明如何有效地进行翻译。
- 说明你希望实现翻译的方式，例如使用机器翻译引擎、整合外部翻译服务或开发自己的翻译模型。请 AI 模型提供一些相关的技术选项和最佳实践，以确保翻译的准确性和流畅度。

这些示例可以帮助使用者描述跨语言翻译的需求，并请求 AI 模型提供相应的建议或策略，以确保翻译的准确性和流畅度。根据使用者提供的信息，AI 模型可以提供一些翻译工具、技巧或技术选项，以满足使用者的翻译需求。

9.3.3　语言选择建议

AI 模型根据使用者的语言偏好，提供语言选择建议，使使用者能够方便地切换到他们熟悉的语言。以下是一些可供参考的示例。

- 描述你的语言选择建议需求，包括系统或服务中的语言选项以及使用者的语言偏好。请 AI 模型提供一些考虑使用者偏好和可用语言选项的建议，以便使用者能够方便地切换到他们熟悉的语言。
- 提供一个具体的使用情境，其中需要提供语言选择建议。描述你希望提供建议的系统、应用或网站，以及使用者的语言偏好和可用的语言选项。请 AI 模型提供一些相关的建议，说明如何根据使用者的语言偏好优化语言选择的体验。
- 说明你希望实现语言选择建议的方式，例如通过使用者配置、地理位置或浏览器设定来识别使用者的语言偏好。请 AI 模型提供一些相关的技术选项和最佳实践，以确保使用者能够方便地切换到他们熟悉的语言。

这些示例可以帮助使用者描述语言选择建议的需求，并请求 AI 模型提供相应的建议或策略，以确保使用者能够方便地切换到他们熟悉的语言。

第 **10** 章 社交对话提示技巧

在提示工程实践中，社交对话是一个重要且具有挑战性的领域。以下是一些关键的技巧和实例，以帮助你建立自然流畅的对话，使用礼貌用语和辨识暗喻，解决对话中的歧义和误解，并将其应用于日常生活中。本章将通过实际的生活应用实例，示范这些技巧在实际情境中的应用，使你能够更好地理解和应用所学的内容。无论你是希望提升与他人的交流能力，还是希望改善人际关系和解决沟通障碍，本章的社交对话提示技巧都将为你提供实用的指导和建议。

10.1 建立自然流畅的对话

建立自然流畅的对话是一项至关重要的技能，它有助于人们在与他人交流时保持轻松与自如的状态。本节将详细阐述若干技巧，诸如维持恰当的语速与节奏、适时地提出问题和进行回应等，旨在协助你在对话过程中保持连贯性，并确保信息的顺畅传递。

10.1.1 语调与沟通

在与他人交流时，根据对方的语调和节奏进行适应性调整，是确保沟通顺畅的关键。下面 3 个范例展示了如何灵活调整自己的用语和语速，以更有效地传达信息。

【范例 1】对方快速且连贯地表达意见。

你可以使用简洁明确的用语回应，并保持较快的语速，以符合对方的沟通风格。例如：

"我需要你立即检查程序码的错误日志，然后发送详细报告。"

【范例 2】对方以冷静且冷淡的语调进行交流。

在这种情况下，你可以保持冷静，使用正式的用语，并稍微减慢语速，以符合对方的风格。例如：

"请你花一些时间检查程序代码，并检测任何可能的错误。请在完成后向我报告进度。"

【范例3】对方的语调带有焦虑或困惑。

在这种情况下，你可以使用亲切和安抚性的语气，简单解释指示并提供支持。例如：

"我理解你对这个问题感到困惑。请你先停下来，尝试重新启动程序，并记录可能出现的任何错误提示信息。若问题依旧未能得到解决，请随时向我反馈，我会尽力解决。"

这些范例展示了在指示他人时如何根据对方的语调和节奏调整自己的语调和节奏。适应对方的沟通风格有助于建立良好的合作关系并确保指示的有效传达。

10.1.2 真诚回应

在交流过程中，应当以诚挚的态度来回应对方的话题和观点，充分展现出对对方的关注和理解。在与他人进行对话或下达指示时，表达真诚和兴趣对提升沟通效果具有至关重要的作用。

下面将展示如何进行真诚的回应。

【范例1】对方阐述了一种关于优化程序代码性能的思路。

"谢谢你分享这个观点，我很重视你对程序代码性能的关注。我想听听你对改进程序代码性能的具体建议。"

【范例2】对方提到了一个遇到的问题。

"我很理解你在这个问题上所遇到的困难，让我来协助你解决。请你提供更多细节，比如出现的错误提示或具体的操作步骤，以便我能更好地帮助你。"

【范例3】对方表达了对某个新功能的兴趣。

"感谢你对新功能的关注，我很高兴能够为你提供更详细的信息。我们可以安排一场会议，深入讨论你对这个功能的期望和需求。"

这些范例充分展现了在回应他人时，如何真诚表达对对方话题和观点的深切关注与深刻理解。通过这种回应方式，你将能够与他人建立起坚实的沟通基础，让指示内容更易被理解和接受。

10.1.3 避免过度使用模板回答

AIGC提示工程师避免过度使用模板回答，能够使对话更加生动和富有个性。下面的范例展示了如何以个性化的方式下达指示。

【范例1】对方需要对程序代码进行重构。

所谓重构，是在不改变程序代码外在表现和行为特征的基础上，对程序代码进行必要的调整与优化，旨在提升程序内部结构的合理性与高效性。通常可以这样回答。

"经过对程序代码的全面审视，我认为当前代码存在进行重构的迫切需求，以进一步提高其可读性和维护性。因此，我非常期待听取你关于如何启动并推进这一重构工作的具体想法。请你对当前的代码架构和逻辑进行深入的剖析，并根据分析结果制定一份详细的改进计划。在你完成这些准备工作后，请与我分享你的计划，以便我们共同讨论并确定下一步的行动方案。"

【范例 2】对方需要解决一个复杂的问题。

"我深知你当前正致力于解决这一复杂的问题，这需要你进行深入的思考与细致的分析。在此，我建议你先将问题细化，分解为若干个子问题，然后逐一解决。若你在解决问题的过程中遇到任何困难，或需要进一步的支持与指导，请随时与我联系，我很乐意为你提供协助。"

【范例 3】对方需要测试一个新功能。

"我很高兴你对这个新功能的测试感兴趣。为了确保测试的有效性，我建议你从正常使用情境出发，测试各种不同的情境。同时，请记录你遇到的任何错误或异常行为，以便我们能够及时修复和改进。如果你在测试过程中有任何问题或需要协助，请随时联系我。"

这些范例详细展示了如何运用个性化的方式下达指示，使你避免过度依赖标准化模板。这种回答模式旨在增强对话的生动性和互动性，同时也彰显出你对对方具体情况的深入理解和深切关注，从而推动双方实现更为高效和富有成效的合作。

10.2　使用礼貌用语和辨识暗喻

在社交对话中，礼貌用语和暗喻作为常见的元素，其理解和应用往往具有一定的难度。本节将深入剖析如何使用礼貌用语，如道歉、感谢和邀请等，并探讨如何准确理解和有效回应暗喻，以确保你在对话中能够表达得体，从而避免产生误解。

10.2.1　使用适当的礼貌用语

注意使用礼貌用语，如谢谢、对不起、请问等，以表示尊重和友善。下面的范例展示了如何运用礼貌用语来下达指示。

【范例 1】需要对方协助解决问题。

"非常感谢你寻求我的帮助，我很高兴能够为你提供协助。如果你能提供更多关于问题的细节，这将极大地有助于我更准确地理解你的需求，并找到最合适的解决方案。请随时分享更多信息，以便我能够更有效地帮助你。"

【范例 2】需要对方协助执行一项任务。

"对不起打扰到你，我需要你协助执行这项任务。请问你有空帮忙吗？这项任务对我们的整体进度非常重要，感谢你的协助。"

【范例3】需要对方检查程序代码的错误。

"谢谢你的合作，请你仔细审查程序代码，寻找并指出可能存在的任何错误。如果发现问题，请及时告知我们，我们将立即处理。再次对你提供的宝贵帮助表示深深的感谢。"

这些范例详细展示了在下达指示时，如何恰当运用礼貌性的语言。这种表达方式不仅彰显了对他人的尊重和友善，也有助于构建稳固的合作关系，让指示更容易被接收和执行。

10.2.2 辨识暗喻

在对方采用暗喻或间接表达方式时，AIGC 提示工程师应尽力探寻其深层次的含义，以免产生误解。AIGC 提示工程师准确识别暗喻并深刻理解其内在意义，对于确保沟通的顺畅与高效至关重要。下面的范例展示了如何在遇到暗喻或间接表达方式时，采取恰当的方式下达明确指示。

【范例1】对方使用暗喻描述程序代码的问题。

"我听到你提到了这段程序代码有点'曲折复杂'。能否更具体地描述你所指的问题，例如哪一部分程序代码让你感到难以理解，这样我可以更直接地协助你解决问题。"

【范例2】对方以间接方式表达需要额外资源。

"我了解到你在当前项目中可能需要更多的支持或资源。为了确保我们能够提供适当的帮助，请你详细阐述所需的额外资源，无论是人力、时间还是其他类型的资源。这样我们才能进行准确的评估，并给予相应的支持。"

【范例3】对方用比喻来描述一个错误的严重性。

"我了解到你提到的这个错误对系统的稳定性造成了重大影响。为了更深入地理解问题的实际情况，请你提供一些额外的细节，比如这个错误具体导致了哪些问题，以及它可能带来的潜在后果。"

这些范例说明了 AIGC 提示工程师在面对暗喻或间接表达时如何下达指示，以确保对话的准确性。通过寻求更具体的描述和细节，AIGC 提示工程师能更好地理解对方所指的内容，从而提供相应的解决方案或支持。

10.3　解决对话中的歧义和误解

对话中出现歧义和误解是常见的沟通挑战，但借助一系列有效的技巧和策略，能够解决这些问题。本节将详细阐述几种解决对话中歧义和误解的实用方法，如主动澄清、倾听和确认，以及提出具体问题。

10.3.1 主动澄清

在对话过程中，若遇意思表达不够明确或存在潜在歧义之处，务必及时且主动地予以澄清，以确保双方沟通内容的准确性。下面的范例展示了如何在需要时主动澄清。

【范例 1】对方提出了一个模糊的问题。

"很抱歉，我不太确定你的问题是什么。如果你能提供一些具体的背景或者详细情况，我将能够更加精准地帮助你。"

【范例 2】对方使用了一个不明确的术语。

"请问你能解释一下你所指的'X'（这里 X 指代不明确的术语，下同）是什么吗？这样我们可以确保在接下来的讨论中，使用一致的术语和概念。"

【范例 3】对方提供了一个含糊不清的指示。

"抱歉，我不太清楚你指示的具体内容。你能更详细地描述希望我们做些什么，或提供一个实际的范例吗？这样我就能更准确地理解并开始执行指示。"

这些范例说明了在需要时如何主动澄清。请记住，主动澄清不仅是保障沟通顺畅的重要一环，也是预防错误和消除误解的有效途径。

10.3.2 倾听和确认

AIGC 提示工程师倾听和确认对方的意思是有效沟通的关键。下面的范例展示了如何在回答前倾听并确认对方的观点和表达。

【范例 1】对方提出一个观点或问题。

"我注意到你提到了'X'的问题，为确保我的理解准确无误，你主要担忧的是'X'会对整体系统性能产生影响，是这样吗？"

【范例 2】对方描述一个困难或挑战。

"你刚才提及了关于'X'的挑战，我想确保自己正确理解了你的需求。你是否希望我们能够寻找一个更为高效的解决方案以应对'X'所带来的问题呢？"

【范例 3】对方提出一个需求或建议。

"非常感谢你的宝贵建议。我想确认一下，你的建议是针对'X'方面进行优化，从而提升系统的效能和用户使用体验，对吗？"

这些范例说明了在回答对方之前如何倾听并确认对方的观点和表达。重述对方的意思并确认自己的理解正确，可以确保自己真正理解对方的意图和需求，从而提供更准确的回答和解决方案。

10.3.3 提出具体问题

AIGC 提示工程师提出具体问题是厘清对方意图的有效方法。下面的范例展示了如何提出具体问题以厘清对方的意图。

【范例 1】对方提出一个模糊的陈述。

"请问你所指的'改进系统'具体涉及哪些细节？是提升系统性能、改善用户界面的使用体验，还是针对错误处理机制进行优化升级？"

【范例 2】对方表达了一个模棱两可的要求。

"我注意到你提出了对安全性的更高要求，能进一步阐述一下你所指的安全性具体包括哪些方面的期望吗？是希望加强身份验证的严格性、提升数据传输的加密程度，还是涉及其他方面的安全防范措施？"

【范例 3】对方提出了一个抽象的问题。

"在谈及提升效率时，你是否希望我们在系统层面采取特定的改进措施？又或者，你认为某些特定的操作流程或功能设置需要我们进一步加以优化以提升工作效率？"

这些范例说明了如何提出具体问题来进一步厘清对方的意图。通过提出明确、具体的问题，你可以厘清模糊或抽象的语言，并获得更具体和清晰的回答。请记住，提问时要避免过于尖锐或贬低对方，而是以寻求进一步理解和协助的方式提出问题。

■ 10.4 社交对话提示技巧应用实例

在日常生活中，社交对话提示技巧是非常实用的。以下是一些实例，展示了社交对话提示技巧的应用场景。

- 在社交聚会上与陌生人交谈，建立良好的第一印象。
- 在商业会议中与同事或客户进行有效的沟通，达成共识。
- 与朋友或家人进行深入的对话，建立更紧密的关系。
- 解决冲突或消除误解，以维护人际关系的和谐。

当以 AIGC 提示工程师的身份参与社交对话时，下面的范例展示了如何使用前面提到的社交对话提示技巧。

【范例 1】在社交聚会上，你想要向朋友介绍你的新程序代码项目。

"嗨，我最近完成了一个新的程序代码项目的开发工作，我很想与你分享。你如果有空，我可以向你介绍一下吗？"

【范例2】你正在与团队合作开发一个软件产品，需要明确指示一个特定的任务。

"嗨，我注意到我们还需要开发一个登录页面。我认为你的专业能力很适合处理这个任务。你能否负责这部分的开发工作，并在下周五之前提交给我们？如果有任何问题或需要进一步讨论，请随时告诉我们。谢谢！"

【范例3】你想要在会议前提醒团队注意准时参加会议。

"大家好，我提醒大家明天的会议将在上午10点准时开始。请确保提前安排好时间，并准备好相关的资料和讨论主题。如果有任何时间上的问题或需要调整的地方，请在今天下午3点前与我联系。感谢大家的合作！"

无论是在个人聚会还是在团队合作中，这些范例都强调了清晰的表达、礼貌的语言、主动澄清、倾听和确认对方的意图等沟通要素。

第 11 章 知识查询和解答提示技巧

在当今信息爆炸的时代背景下，快速且精确地定位并解答知识领域的问题显得尤为关键。无论是应对职场中对专业知识的需求，还是日常生活中遇到的种种疑问，掌握有效的知识查询与解答技巧都显得至关重要。本章将重点介绍一系列高效检索技巧以及获得准确知识的科学方法，同时还将针对常见问题的解答以及多样知识资源的处理方式等提供指导。

11.1 高效检索与获得准确的知识

本节将介绍如何高效地检索所需的知识。这包括使用适当的关键字和检索技巧来快速获取信息，以及评估和验证知识的可靠性和准确性。

11.1.1 了解检索工具

熟悉各种检索工具，如搜索引擎、数据库、知识库等，掌握有效的搜索技巧和结果过滤方法至关重要。当使用检索工具时，以下是一些以 AIGC 提示工程师专业身份下达指示的范例。

【范例1】使用搜索引擎找到关于机器学习的最新研究论文。

> **提示**　我想搜索"机器学习最新研究论文"，并将结果按照从新至旧进行排序，仅保留过去一年内的相关文献。

✳ AI 回答

根据你的需求，以下是过去一年内关于"机器学习最新研究论文"的摘要，按照从新至旧进行排序。

2023 年 12 月

机器学习求解组合优化问题。该领域的研究涵盖了图匹配、旅行商问题、二次分类问题、因果发现等多个细分方向。例如，一篇论文提出了基于深度强化学习的图匹配方法，该方法具有亲和正则化，能够对抗离群点，提高匹配的准确性。

2023 年 11 月

模态机器学习高分论文。这些论文涉及多模态机器学习在表征、对齐、推理、生成、迁移、量化等方面的研究，探索了如何利用多种模态的数据（如语言、视觉、视频、音频）来提高模型的泛化能力和鲁棒性。

2023 年 10 月

NeurIPS 2023 录用论文。这些论文涵盖了多个机器学习热门研究方向，如高质量的语音到语音翻译、文本生成的凸损失、白盒 Transformer、大语言模型（LLM）的生成推理等。

2023 年 7 月

ICML 2023 论文。这些论文包括一种新型的神经网络——回路神经网络（CircuitNet），其灵感来源于对大脑神经回路结构的模拟，具有模拟更多类型神经元连接的能力。

2023 年 6 月

部分机器学习 Top 论文。这些论文涉及学习模仿 GPT-4 等大型基础模型的推理过程的 Orca 模型、简单可控的音乐生成模型 MusicGen、利用大语言模型的力量来解决计算机视觉问题的模块化方法 LENS 等。

请注意，由于机器学习领域的研究日新月异，上述列表可能并不包含所有重要的最新研究论文。此外，这些论文的摘要仅提供了大致的研究方向和成果，具体的细节和贡献请查阅原始论文。

【范例 2】在数据库中寻找特定的客户资料记录。

例如在公司内部的客户关系管理系统中，使用客户姓名和订单日期范围作为关键字进行搜索，过滤出相关的客户资料记录。

【范例 3】从知识库中获取关于特定错误代码的解决方案。

例如在内部知识库中使用错误代码作为关键字进行搜索，并根据相关性排序，找到包含该错误代码解决方案的文件。

【范例 4】从开放资料集中找到与人口统计资料相关的信息。

利用国家数据门户平台，挑选与人口统计相关的数据集，并通过设置具体的筛选条件（如年份、地区等），来提取所需的人口统计数据。

这些范例展示了如何使用不同的检索工具并采用相应的搜索技巧和结果过滤方法找到所需信息。

11.1.2　关键词选择

选择具体和相关的关键词，以帮助用户找到更准确的结果。选择关键词时，以下是一些以 AIGC 提示工程师专业身份下达指示的范例，以帮助用户找到更准确的结果。

【范例1】在搜索引擎中寻找有关云计算安全性的信息。

> 🤖 提示　使用以下关键词组合进行搜索：云计算、安全性、风险管理。

❄ **AI 回答**

在当今数字化时代，云计算、安全性和风险管理是紧密相连的概念。随着企业数字化转型的加速，云计算作为支撑现代业务架构的关键平台，其安全性成了不容忽视的核心议题。下面将深入探讨云计算环境中的安全性和风险管理。

1. 云计算的优势

● 成本效益：用户无须投入大量资金购买硬件和设备，而是按照使用量付费，降低了运营成本。

● 灵活性与弹性：云计算环境允许用户根据需求快速调整资源，适应业务的变化。

● 全球化和便捷性：用户可以通过互联网随时随地访问云服务，无须局限于特定地点。

2. 云安全的挑战与威胁

● 数据隐私问题：云服务提供商可能会访问用户数据，引发隐私问题。

● 多用户安全问题：多个用户共享同一硬件，可能导致资源隔离不足。

● 数据传输安全问题：数据在互联网上传输，可能受到窃听和篡改威胁。

● 身份验证和访问控制：应确保合法用户能够访问，同时防止未授权访问。

…………

这些关键词可以帮助用户缩小搜索范围，找到更具体和相关的结果。

【范例2】从数据库中寻找有关大数据分析的案例研究。

例如使用以下关键词组合进行搜索："大数据分析、案例研究、成功故事""大数据分析、实施案例""大数据分析、行业应用案例"等。这些关键词将帮助用户找到具体的案例研究，以了解大数据分析在不同领域中的应用和效果。

【范例3】从知识库中寻找有关 Python 程序设计的学习资源。

例如使用以下关键词组合进行搜索："Python 程序设计、入门程序设计""Python 程序设计、自学资源""Python 程序设计、实战指南"等。这些关键词将帮助用户找到适合初学者学习的资源，以及实战指南。

【范例4】从开放资料集中寻找有关全球气候变化的资料。

例如使用以下关键词组合进行搜索："全球气候变化、气象资料集""全球气候变化、温度变化资料""全球气候变化、降雨量资料"等。这些关键词将帮助用户找到与全球气候变化相关的具体资料集。

这些范例展示了如何选择具体和相关的关键词,以帮助用户获得更准确和有价值的搜索结果。

11.1.3　来源可靠性验证

评估信息来源的可靠性和可信度,优先选择权威性的来源。当评估信息来源的可靠性和可信度时,以下是一些以 AIGC 提示工程师专业身份下达指示的范例。

【范例 1】查询关于人工智能在医疗领域应用的资料,并优先考虑来自权威医学研究机构的信息。

例如使用以下关键词组合进行搜索:"人工智能、医疗应用""人工智能在医学研究机构的应用""医学研究机构发表的人工智能相关研究"等。在搜索结果中,优先选择来自权威医学研究机构、大学或医院网站的文章、白皮书或期刊论文,以确保信息可靠性。

> **提示**　使用以下关键词组合搜索人工智能在医疗领域应用的资料:"人工智能、医疗应用"。

❋ AI 回答

人工智能(AI)在医疗领域的应用已经成为现代医学技术发展的重要趋势。AI 的引入不仅提高了医疗服务的效率和质量,还极大地推动了个性化医疗和精准医疗的发展。下面将具体分析 AI 在医疗领域中的应用情况。

1. 智能预检与病情评估

● 提高急诊效率:AI 通过深度学习算法模型,能够基于急诊数据库建立临床决策支持系统,实现对患者的智能预检和病情评估。

● 优化资源分配:智能预检与病情评估可以有效减轻急诊科工作负荷,优化医疗资源分配,提高患者诊疗效率的同时降低不良事件发生率及减少医疗资源浪费。

2. 辅助医学诊断

…………

【范例 2】查询有关区块链技术的最新发展,并优先考虑来自知名科技媒体或区块链专家的观点和分析。

例如使用以下关键词组合进行搜索:"区块链、技术发展""区块链、最新消息""知名科技媒体对区块链的评论"等。在搜索结果中,优先阅读来自知名科技媒体或区块链领域知名专家的文章、专栏或采访,这些来源通常能提供更可靠且具有专业见解的信息。

> 🤖
> **提示**
> 使用以下关键词组合搜索区块链技术的最新发展:"区块链、技术发展"。

✳ AI 回答

区块链技术的最新发展方向主要体现在创新应用、政策支持、标准制定以及与元宇宙结合等方面,以下是对这些方面的详细介绍。

1. 创新应用:从顶层设计到技术应用,再到生态建设,《中国区块链创新应用发展报告(2023)》详细梳理了我国 2023 年区块链创新应用的发展情况,同时,发布的案例集为各地区、各行业深入推进区块链创新发展提供了借鉴和参考。这些案例涵盖了多个领域,如政务、金融、教育等,展示了区块链技术在不同场景下的应用成果和潜力。

2. 政策支持:自 2022 年以来,我国出台了一系列政策,旨在推动区块链技术及其应用的发展。这些政策不仅覆盖了农业、商贸、交通等多个领域,还特别强调了区块链技术在数字经济与实体经济融合、公共服务治理等方面的应用。政策的出台为区块链技术的发展提供了强有力的支持和指导,促进了区块链技术及其应用的快速发展。

…………

【范例 3】寻找有关网络安全的最佳实践,并优先选择来自国际标准组织或专业安全机构的指南和建议。

例如使用以下关键词组合进行搜索:"网络安全 最佳实践""国际标准组织网络安全指南""专业安全机构提供的网络安全建议"等。优先阅读来自国际标准组织(如 ISO、NIST)或专业安全机构(如 CERT)发布的指南、白皮书或技术文件,这些来源的信息通常经过验证,具有权威性。

> 🤖
> **提示**
> 使用关键词"国际标准组织网络安全指南"进行网络安全的最佳实践搜索。

✳ AI 回答

国际标准组织发布的两项网络安全指南,为全球网络安全实践提供了重要的参考和指导。这些指南不仅关注技术层面的安全措施,还涉及政策、法律和管理等多个方面,旨在帮助组织和个人提高网络安全防护能力,应对日益复杂的网络安全威胁。以下是对这两项指南的详细介绍。

1. 服务安全附录:SABSA 是一种基于风险处理模型的安全模型,它通过多个基本步骤确保组织能够识别、衡量和管理信息安全风险。这种方法强调了在系统设计初期就考虑安全性的重要性，从而在整个系统生命周期中实现有效的风险管理。SABSA 框架的核心在于六大领域，包括意识、结构化过程、简捷性、自主控制、业务导向和持续改进。这些领域共同构成了一个全面的安全架构，旨在帮助组织建立和维护一个安全的 IT 环境。
…………

这些范例展示了如何以专业的方式下达指示，以确保信息来源的可靠性和可信度。当然，具体的指示可能会根据你所寻找的领域和具体需求而有所不同。

11.1.4　理解使用者需求

仔细阅读使用者的查询信息，确保准确理解他们的需求，并提供相应的解答。以下是一些以 AIGC 提示工程师专业身份下达指示的范例。

【范例 1】使用者需要了解如何在 Python 中处理日期和时间。

请使用者提供更具体的问题或需求，例如"如何在 Python 中解析日期字符串""如何在 Python 中进行日期计算""如何在 Python 中格式化日期和时间"。进一步了解使用者需要处理日期和时间的哪些方面，以提供相应的解答和指引。

> 🤖 **提示**　　如何在 Python 中格式化日期和时间？

✳ **AI 回答（见图 11-1）**

在 Python 中，可以使用 datetime 模块进行日期和时间的格式化。以下是一些常用的方法。

1. 使用 strftime() 方法

strftime () 方法可以将日期和时间对象转换为字符串，并按照指定的格式输出。

例如，要将当前日期和时间格式化为 "YYYY-MM-DD HH:MM:SS" 的形式，可以使用以下代码。

```python
from datetime import datetime
now = datetime.now()
formatted_date = now.strftime("%Y-%m-%d %H:%M:%S")
print(formatted_date)
```

2. 使用 strptime() 方法

strptime() 方法可以将字符串解析为日期和时间对象。

例如，要将一个日期和时间字符串解析为日期和时间对象，可以使用以下代码。

```python
from datetime import datetime
date_string = "2023-04-01 15:30:00"
parsed_date = datetime.strptime(date_string, "%Y-%m-%d %H:%M:%S")
print(parsed_date)
```

图 11-1

【范例2】使用者想要找到一些适合初学者的网络安全程序设计知识。

询问使用者对网络安全的哪些方面有兴趣，例如"你对网络攻击和防御有兴趣吗""你想学习有关网络配置和漏洞扫描的知识吗""你对网络安全中的加密和身份验证有兴趣吗"。这些问题可以帮助 AIGC 提示工程师了解使用者的具体需求，让 AI 模型提供相应的网络安全程序设计知识。

> **提示**　请为初学者推荐一些适合入门的网络安全程序设计知识。

❋ AI 回答

网络安全作为计算机科学的一个分支，在信息技术日益发展的今天显得尤为重要。对初学者来说，选择合适的入门级网络安全程序设计知识是进入这一领域的第一步。以下是一些推荐。

1. 基础概念和理论

● 学习网络安全的基础知识，包括了解网络安全的重要性、常见的网络安全威胁（如病毒、钓鱼网站等）以及防御措施。

● 理解不同类型的黑客行为，包括白帽黑客、灰帽黑客和黑帽黑客的区别。

2. 编程语言学习

● 学习至少一门编程语言，Python 是一个很好的选择，因为它简单易学且功能强大，适合用于编写网络安全工具和进行自动化处理。

● 掌握 Python 的基本语法和常用库，特别是那些与网络操作和数据处理相关的库。

…………

> **提示**　请为初学者设计一个易于理解的网络安全程序，该程序需使用漏洞扫描器。

❋ AI 回答（见图 11-2）

对初学者来说，设计一个易于理解的网络安全程序是一个很好的入门项目。以下是一个简单的示例。

1. 目标：设计一个基于 Python 的网络安全程序，用于检测目标网站是否存在常见的安全漏洞。

2. 工具选择：选择一个适合初学者使用的开源漏洞扫描器，如 OpenVAS 或 Nmap，这些工具提供了丰富的功能和易于使用的接口。

3. 安装和配置：按照所选工具的文档进行安装和配置，确保你已经正确安装了所需的依赖项，并熟悉其基本用法。

4. 编写脚本：使用 Python 编写一个简单的脚本来调用漏洞扫描器，并处理其输出结果。以下是示例代码。

图 11-2

```python
import subprocess

def scan_target(target):
    # 调用漏洞扫描器的命令行命令
    command = f"openvas-scan {target}"

    # 执行命令并获取输出结果
    result = subprocess.check_output(command, shell=True)

    # 解析输出结果，提取漏洞信息
    vulnerabilities = parse_result(result)

    return vulnerabilities

def parse_result(result):
    # 解析漏洞扫描器的输出结果，提取漏洞信息
    # 这里可以根据你所使用的工具和需求进行相应的解析逻辑
    # 返回一个包含漏洞信息的列表
    vulnerabilities = []
    # 解析逻辑...
    return vulnerabilities

if __name__ == "__main__":
    target = input("请输入要扫描的目标网址：")
```

图 11-2（续）

【范例 3】使用者希望找到有关人工智能的最新技术趋势。

询问使用者对人工智能的哪些特定领域或应用感兴趣，例如"你想了解自然语言处理的最新技术趋势吗""你对机器学习或深度学习中的最新发展感兴趣吗""你想了解人工智能在特定行业中的应用趋势吗"。这些问题有助于 AIGC 提示工程师厘清使用者关注的领域，让 AI 模型提供相关的最新技术趋势信息。

 提示

我想了解自然语言处理的最新技术趋势。

✳ AI 回答

自然语言处理（NLP）的最新技术趋势涵盖了多个方面，这些趋势不仅展示了 NLP 领域的快速发展，也预示着未来可能的发展方向。以下是 NLP 的一些最新技术趋势。

1. 深度学习模型的持续演进

● 预训练语言模型（如 BERT、GPT 等）已经成为 NLP 领域的热门研究方向，并在各种 NLP 任务上取得了显著的性能提升。这些模型通过在大规模语料库上进行预训练，能够学习到丰富的语言知识，并在下游任务中通过微调实现良好的性能。

● 深度学习模型的层数和复杂度不断增加，使其能够处理更加复杂的 NLP 任务。例如，Transformer 模型通过自注意力机制，能够在处理序列数据时捕捉到更长距离的依赖关系。

....

11.2 解答常见问题

本节将介绍解答常见问题的技巧与策略，旨在提升 AI 模型理解能力，以提供更加清晰、全面的解答，从而充分满足使用者的需求。此外，本节还将介绍一系列有效的沟通技巧，以确保 AI 模型的回答既准确又易于理解，帮助使用者轻松获取所需的知识。

11.2.1 建立常见问题集

收集并整理常见问题，以便快速提供解答，避免重复性工作。当需要建立常见问题集时，以下是一些以 AIGC 提示工程师专业身份下达指示的范例。

【范例 1】建立一个常见问题集，涵盖有关网络安全的主题。

可以从现有的用户服务记录、技术支持请求和内部文件中检索与网络安全相关的常见问题。这些问题可以包括之前回答过的问题、用户常问的问题、技术文件中的常见问题等。整理这些问题，可以建立一个结构清晰且易于查询的常见问题库。

【范例 2】构建一个详尽的常见问题解答库，旨在涵盖用户在软件使用过程中可能遇到的各类问题。

从用户支持渠道（如电子邮件、在线论坛及客户服务系统等）搜集和分析用户反馈，能够了解用户在软件功能、错误报告及日常使用方面遇到的问题。对这些问题进行系统化整理，并提供详尽的解答与解决方案。这样，用户便可以在常见问题解答库中找到他们所需的答案。

【范例 3】建立一个常见问题集，涵盖有关程序设计的常见问题。

从程序设计社群、在线论坛和知识交流平台中检索常见的程序设计问题。这些问题可以涉及不同程序语言的常见问题、特定框架或库的使用问题等。整理这些问题，并提供易于搜索和查找的常见问题集，以方便 AIGC 提示工程师或开发人员快速找到答案。

> 🤖
> **提示**
> 　　请从程序设计社群、在线论坛和知识交流平台中检索常见的程序设计
> 问题，并整理出一个常见问题集。

❄ **AI 回答**

> 以下是一个常见问题集。
>
> 1. 编程语言基础
> ● 如何安装和配置 ×× 语言的开发环境？
> ● ×× 语言中的变量和数据类型有什么区别？
> ● 如何在 ×× 语言中实现循环和条件判断？
> ● 如何在 ×× 语言中处理异常和错误？
> 2. 算法和数据结构
> ● 什么是排序算法，它们的时间复杂度是多少？
> ● 如何实现一个栈或队列？
> ● 什么是哈希表，它是如何工作的？
> ● 什么是树和图的数据结构，它们有哪些应用？
> ⋯⋯⋯⋯⋯

　　这些范例展示了如何以专业的方式提供指示，以构建一个常见问题集并给出解决方案。AIGC 提示工程师可以根据具体的领域和需求来调整这些指示。

11.2.2　清晰简洁的表达

　　用简单明了的语言解答问题，避免使用专业术语，以下是一些以 AIGC 提示工程师专业身份下达指示的范例。

　　【范例 1】回答使用者提问时，以简单易懂的语言表达。

　　建议用一般用语解释技术概念，避免使用专业术语，除非使用者明确要求。如果需要使用术语，请提供相应的解释或上下文来帮助使用者理解。

> 🤖
> **提示**
> 　　什么是 TrueType 字体？

❄ **AI 回答**

> 　　TrueType 字体是一种广泛使用的数字字体格式，它由苹果公司和微软公司共同开发，旨在提供一种标准化的方式来存储和渲染字体。TrueType 字体文件通常以 .ttf 作为文件扩展名。

TrueType 字体使用轮廓来定义字体的形状，这些轮廓是一系列的数学指令，能够精确描述字体的曲线和直线。这种设计使得 TrueType 字体在不同的分辨率和大小下都能保持良好的可读性和清晰度。

TrueType 字体的主要特点如下。

1. 可扩展性：TrueType 字体可以在任何大小下渲染，而不会失去清晰度。

2. 跨平台兼容性：TrueType 字体在多种操作系统上得到支持，包括 Windows、macOS 和 Linux。

3. 多种语言支持：TrueType 字体可以包含多种语言和字符集，这使其适用于多语言环境。

4. 字体样式：TrueType 字体可以包含不同的字体样式，如粗体、斜体等。

5. 高级排版特性：TrueType 字体支持高级排版特性，如连字、上标、下标等。

TrueType 字体广泛应用于网页设计、打印和各种图形设计软件中，是数字排版和设计领域中不可或缺的一部分。

【范例2】回答软件功能的相关问题时，使用简单的步骤说明。

分步解释软件功能的使用方法。使用简单的描述，将每个步骤简洁明了地表达出来。避免过多的技术细节，除非使用者明确要求。借助图片、范例或影片等资料，进一步帮助使用者理解。

提示　如何使用 Photoshop 为图片创建倒影效果？

※ AI 回答

以下是使用 Photoshop 创建图片倒影效果的基本步骤。

1. 打开图片：在 Photoshop 中打开想要添加倒影效果的图片。

2. 复制图层：选中图片所在的图层，然后复制该图层（按【Ctrl + J】或【Cmd + J】组合键）。

3. 垂直翻转：选中复制的图层，然后垂直翻转图层。

4. 调整位置：将翻转后的图层放置到原始图层下方，形成倒影效果。

5. 添加蒙版：在翻转图层上添加一个蒙版。

6. 渐变效果：使用渐变工具，在蒙版上从下往上设置一个从黑色到透明的渐变，让倒影从下到上逐渐消失。

7. 调整透明度：如果需要，可以调整倒影图层的透明度，让倒影看起来更自然。

8. 保存：完成以上步骤后，保存图片。

这样，你就可以快速地为图片创建一个简单的倒影效果了。

提示

如何使用 Photoshop 为图片加入多种不同的滤镜？

✴ AI 回答

在 Photoshop 中为图片加入多种不同的滤镜，可以按照以下步骤进行。

1. 打开图片：在 Photoshop 中打开想要编辑的图片。

2. 复制背景图层：为了保留原始图片，通常需要复制背景图层，这可以通过图层面板中的"新建图层"按钮或按【Ctrl + J】或【Cmd + J】组合键来实现。

3. 应用滤镜：选择复制的图层，然后单击"滤镜"菜单。

4. 选择滤镜效果：在"滤镜"菜单中有不同的滤镜类别，如"模糊""扭曲""像素化""渲染"等，根据需求选择一种滤镜。

5. 调整滤镜参数：在相应滤镜的对话框中可以根据需要调整滤镜参数，以获得理想的效果。

6. 重复应用不同滤镜：如果想要在同一图层上应用多种滤镜，可以重复步骤 3 至 5，选择不同的滤镜并调整参数。

7. 使用图层混合模式：为了更好地融合滤镜和原始图片，可以尝试更改图层的混合模式（在图层面板中找到并选择不同的混合模式）。

8. 调整图层透明度：如果需要，可以调整滤镜图层的透明度，以控制滤镜的强度。

9. 使用蒙版：如果需要对滤镜进行局部调整，可以添加图层蒙版，并使用画笔工具在蒙版上绘制黑色或白色来控制滤镜的显示区域。

10. 保存图片：完成编辑后，保存图片，可以选择将图片另存为 PSD 格式，这样可以保留图层信息；或者保存为 JPEG、PNG 等格式，用于分享或打印。

通过上述步骤，你可以在 Photoshop 中为图片加入多种不同的滤镜，并进行个性化的调整。

【范例 3】在解答编程的相关问题时，提供清晰且易于理解的代码示例。

在解释编程解决方案时，使用简洁明了的代码片段来展示核心逻辑，避免涉及复杂技术细节和过长的代码段落。对代码的每个关键部分进行解释，并添加适当的注释，以帮助使用者理解其功能和目的。

提示

请用 Python 编写一个模拟大乐透开奖的程序，要求如下：1. 生成 5 个不重复的红球号码（1 ～ 36 号）；2. 生成 2 个不重复的蓝球号码（1 ～ 13 号）；3. 输出开奖结果。

✳ AI 回答（见图 11-3）

```python
import random

def generate_lotto_numbers():
    red_balls = random.sample(range(1, 36), 5)
    blue_balls = random.sample(range(1, 13), 2)
    return sorted(red_balls) + sorted(blue_balls)

result = generate_lotto_numbers()
print("开奖结果: ", result)
```

图 11-3

上面的范例展示了如何以专业的方式下达指示，以清晰简洁的语言解答问题。

11.2.3 提供具体的解决方案

AIGC 提示工程师不仅需要提供问题，还需要提供解决问题的具体步骤和范例，以帮助使用者更好地理解和应用解决方案。当需要提供具体的解决方案时，以下是一些以 AIGC 提示工程师专业身份下达指示的范例。

【范例 1】回答使用者问题时，提供具体的步骤和操作范例。

在指示中必须将解决问题的步骤分解为具体的子任务，并提供每个子任务的操作步骤。例如，使用者问如何设置网络连接，可以提供以下指示："首先，打开网络设置页面。其次，单击'新增连接'按钮。再次，填写连接信息，例如 SSID 和密码。最后，单击'保存'按钮以建立新的网络连接。"这样的具体步骤指示能够帮助使用者更好地理解和应用解决方案。

【范例 2】回答软件错误状况问题时，提供具体的故障排除步骤和范例。

请根据使用者描述的错误状况，提供故障排除的具体步骤和范例。例如，使用者指出软件无法启动，可以提供以下指示："首先，检查是否安装了最新的软件。其次，确认系统是否符合软件运行的最低要求，包括操作系统版本和硬件配置。再次，尝试重新安装软件，并确保按照安装指南进行。最后，如果问题仍然存在，请提供错误状况的详细信息以便进一步诊断。"这样的具体故障排除指示能够引导使用者按步骤解决问题。

【范例 3】回答程序设计的相关问题时，提供精确的代码示例和详细的解释。

这不仅包括直接的代码实现，还应当涵盖对代码每一部分的功能及其工作原理的阐述。例如，当使用者询问如何在 Python 中遍历一个列表的元素时，可以这样指导他们："使用 for 循环来迭代访问列表中的每个元素。具体来说，对于名为

'numbers' 的列表，可以使用以下程序码：for number in numbers: print（number）。"通过这样的具体代码示例和清晰的解释，使用者能够更好地理解并应用所提供的程序设计解决方案。

提示　　　　　　　如何在 Python 中高效地迭代列表元素？

✴ AI 回答（见图 11-4）

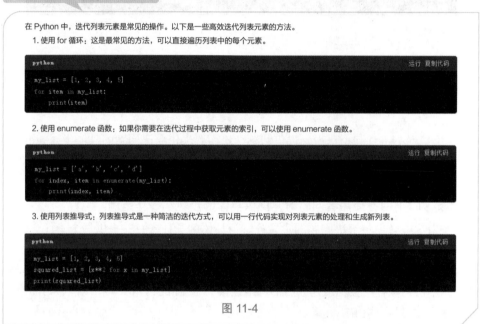

图 11-4

上面的范例展示了如何以专业的方式下达指示，提供具体的解决方案。AIGC 提示工程师应确保指示中包含清晰的步骤、操作范例和解释，以帮助使用者更好地理解和应用解决方案。

11.3　处理多样的知识资源

本节将介绍如何高效处理和利用多种类型的知识资源。无论是文字、图像还是视频等不同形式的知识载体，每种类型都可能需要特定的搜索策略和解答方法。本节将分享一系列适用于各类知识资源的技巧，以协助使用者有效地管理和运用这些宝贵的知识资源。

11.3.1　了解多方面知识

了解不同领域的知识，包括科学、历史、文学、艺术等，以满足不同使用者的需求。当需要满足不同使用者需求并提供多方面知识时，以下是一些以 AIGC 提示工程师专业身份下达指示的范例。

【范例 1】回答使用者有关科学发现的问题时，提供相关的历史背景和关键细节。

例如，使用者询问关于万有引力定律的发现，可以提供相关的历史背景或关键细节，满足有关科学发现的需求。例如，万有引力定律是由英国科学家艾萨克·牛顿在 17 世纪提出的。这一定律描述了物体之间的相互吸引作用，即任何两个物体都会因为它们的质量而相互吸引。牛顿的万有引力定律是经典力学的基础之一，它不仅解释了地球上物体下落的现象，还解释了行星如何围绕太阳运行。牛顿的这一发现对后来的天文学和物理学产生了深远的影响，于 1687 年在他的著作《自然哲学的数学原理》中首次发表。

> 🤖
> **提示**
>
> 请介绍一下牛顿的万有引力定律。

✳ **AI 回答**

> 牛顿的万有引力定律是描述宇宙中所有物体之间相互吸引的基本物理定律。这一定律指出，任何两个物体都会因为它们的质量而相互吸引，吸引力的大小与两个物体的质量成正比，与它们之间距离的平方成反比。牛顿在观察到苹果从树上落下后，开始思考地球对苹果的吸引力，进而推导出了万有引力定律。这一定律不仅解释了地球上的重力现象，也是天体物理学中描述行星运动的关键。牛顿的这一伟大发现，标志着现代科学的一项重大突破，并为后来的科学家们提供了研究宇宙的强有力工具。

【范例 2】回答使用者有关艺术作品的问题时，提供相关的历史背景和关键细节。

介绍创作该艺术作品的艺术家，包括其生平、风格和影响等，以及作品的主题、风格特点和重要意义。

> 🤖
> **提示**
>
> 请描述达·芬奇的《蒙娜丽莎》的艺术风格、特点及其在艺术史中的重要意义。

❋ AI 回答

　　《蒙娜丽莎》是文艺复兴时期意大利艺术家列奥纳多·达·芬奇的代表作之一，这幅画以其独特的艺术风格、特点及其在艺术史上的重要意义而闻名于世。

　　艺术风格

　　《蒙娜丽莎》体现了文艺复兴时期的艺术风格，这一时期的艺术风格包括对古典文化的复兴、对自然和人体的精确观察以及对透视法和光影效果的运用。

　　特点

　　1. 微笑：蒙娜丽莎的微笑是这幅画最引人注目的特点之一，它神秘而含蓄，给人以无限的遐想空间。

　　2. 光影效果：达·芬奇运用了一种名为"sfumato"（晕涂法）的技法，通过细腻的渐变手法，使蒙娜丽莎的面部轮廓和光影过渡自然，增加了画面的立体感和深度。

　　3. 透视法：背景中的山脉和水体运用了线性透视法，引导观者的视线深入画面，增强了空间感。

　　4. 细节描绘：达·芬奇对蒙娜丽莎的服饰、皮肤质感以及背景细节的精细描绘，展现了他对细节的极致追求。

　　5. 情感表达：画中人物的情感表达丰富而微妙，反映了文艺复兴时期对人的内在情感和个性的关注。

　　在艺术史中的重要意义

　　1. 技术革新：《蒙娜丽莎》展示了达·芬奇在绘画技术上的革新，尤其是"sfumato"技法的使用，对后世艺术家产生了深远影响。

　　2. 人文主义：这幅画体现了文艺复兴时期的人文主义精神，强调人的理性和情感，以及对个体价值的重视。

　　3. 艺术典范：《蒙娜丽莎》成为西方艺术的经典之作，影响了无数艺术家及其作品，是艺术史上的一个标杆。

　　4. 文化象征：这幅画不仅是艺术作品，也成为文化象征，代表了文艺复兴时期的艺术成就和人类对美的追求。

　　《蒙娜丽莎》现收藏于法国巴黎的卢浮宫博物馆，每年吸引着数百万游客前来欣赏，它不仅是达·芬奇的杰作，也是世界艺术宝库中的瑰宝。

【范例 3】回答使用者有关科学概念的问题时，提供清晰且易懂的科学解释。

　　请用简单明了的语言解释科学概念，避免使用专业术语，除非使用者要求。使用具体的例子和比喻，帮助使用者更好地理解科学概念。

提示　　请解释黑洞的定义。

AI 回答

　　黑洞是一种极为特殊的天体，它的核心特征体现在其极高的密度和极强的引力。这种引力强到足以阻止包括光线在内的任何物质逃离其边界，因此它得名"黑洞"。

　　具体来说，黑洞的形成通常需要极端的条件。在恒星演化的过程中，当恒星耗尽其燃料时，其核心会开始坍缩。如果恒星的质量足够大，其核心的坍缩过程会持续进行，直到形成一个中子星。如果恒星的质量更大，中子星的引力仍无法抵消坍缩的趋势，其核心将进一步坍缩，最终形成一个黑洞。

　　黑洞的基本属性包括质量、自转和电荷。黑洞的引力场非常强，以至于它可以扭曲时空，使光线弯曲。在黑洞的视界内，引力变得如此强，以至于连光线都无法逃脱。黑洞的自转速度极快，它们可以以极高的速度旋转，自转速度越快，黑洞的形状就越扁平。此外，黑洞还可以带有电荷，电荷可以是正电荷也可以是负电荷，带有电荷的黑洞会对周围的物质产生电磁力。

　　综上所述，黑洞是宇宙中一种极为特殊且神秘的天体，其极强的引力和扭曲时空的特性使它成为天文学和物理学研究的重要对象。

　　这些范例展示了如何提供多方面的知识来满足不同使用者的需求。

11.3.2　整合多种资源

　　当需要整合多种资源并提供综合性的解答时，以下是一些以 AIGC 提示工程师专业身份下达指示的范例。

【范例 1】回答使用者对特定技术问题的疑问，提供综合资源以解答问题。

　　这种情况下可以结合网络文章、学术论文和专业书，提供多种资源供使用者参考。例如，使用者询问有关机器学习中分类算法的比较和选择的问题，可以提供以下指示："你可以参考这篇网络文章，其中详尽地对比了常用的分类算法，如决策树、支持向量机和随机森林等。同时，这篇学术论文提供了深入的理论分析和实验结果。另外，这本专业书中也有相关章节涵盖了不同分类算法的选择和应用。综合这些资源，你将能够获得全面且深入的理解。"

提示　请问在机器学习领域，如何比较和选择不同的分类算法？

AI 回答

　　在机器学习领域，比较和选择不同的分类算法是一个关键步骤，它直接影响到模型的性能和准确性。以下是一些建议，帮助你清晰、系统地比较和选择分类算法。

1. 理解算法原理

首先，你需要了解不同分类算法的基本原理和工作机制。例如，朴素贝叶斯基于贝叶斯定理和特征条件独立假设；决策树通过构建树状结构进行分类；随机森林则通过集成多个决策树的结果来进行分类或回归，每个决策树是在数据的不同子集上训练的，并且在分裂节点时只考虑一部分随机选择的特征；支持向量机试图找到一个能够最大化类别间间隔的超平面；K- 最近邻则根据样本之间的距离进行分类。

2. 评估算法性能

评估分类算法的性能是选择分类算法过程中的重要一步。常用的评估指标包括准确率、召回率、F1 分数、ROC 曲线和 AUC 值等。不同的评估指标可能适用于不同的应用场景。

同时，还需要注意分类算法在处理高维数据、非线性问题、大数据集以及实时预测等方面的性能表现。

…………

【范例 2】回答使用者关于特定主题的研究问题，提供相关学术资源以丰富使用者的知识。

AIGC 提示工程师可以结合学术论文、研究报告和相关学者的专业观点，提供多种学术资源供使用者阅读。例如，使用者对人工智能在医学领域的应用进展感兴趣，可以提供以下指示："这篇学术论文总结了最近几年人工智能在医学诊断中的应用案例和效果。此外，这份研究报告评估了医学领域中不同人工智能技术的优点和限制。你也可以参考这位知名学者的专业观点，他在这方面的研究中取得了重要突破。通过阅读这些资料，你将能够深入了解人工智能在医学领域的应用进展。"

【范例 3】回答使用者对特定领域的问题，提供多种资源以丰富使用者的知识。

这种情况下可以整合网络文章、专业书和专家采访等不同资源，提供全面的信息。例如，如果使用者询问有关太阳能发电的优势和缺点，可以提供以下指示："这篇网络文章总结了太阳能发电的优势，如可再生、环保和低碳排放等。同时，这本专业书提供了对太阳能技术的详细解释和案例研究。你也可以观看这位专家的采访，他分享了对太阳能发电产业的见解和预测了未来发展趋势。通过整合这些资源，你将获得全面的理解，以便更好地了解太阳能发电的优势和缺点。"

> 🤖 **提示**　请详细描述太阳能发电的优势和缺点。

❀ **AI 回答**

太阳能发电的优势在于环境友好、资源无限、转换效率高等方面，而其缺点则体现在能量密度低、占地面积大、受气候影响大等方面。

太阳能发电的优点

1. 环境友好：太阳能发电几乎不产生任何温室气体或其他污染物，对环境的影响极小，绿色环保。

2. 资源无限：太阳能是几乎无限的能源，据估计，太阳辐射到地球的能量远远超过人类的能量需求。

3. 转换效率高：虽然目前太阳能转换效率不及某些传统能源，但随着技术的进步，这一效率正在不断提高。

4. 维护成本低：太阳能发电系统一旦安装完成，运行维护成本相对较低，且系统稳定可靠，寿命长。

5. 适应性强：太阳能发电系统可根据需要设计大小，适用于家庭、企业乃至大规模的电站。

太阳能发电的缺点

…………

这些范例展示了如何以专业的方式下达指示，整合多种资源并提供综合性的解答。AIGC 提示工程师应确保指示中包含不同类型的资源，如网络文章、学术论文和专业书，以满足使用者对特定主题知识的需求。同时，AIGC 提示工程师应提供相关的专家观点和研究结果，以丰富使用者的知识。

11.3.3 正确引用和注明资料来源

在提供解答时，确保正确引用和注明所使用资料的来源，以提高解答的可信度和透明度。当需要引用和注明资料来源时，以下是一些以 AIGC 提示工程师专业身份下达指示的范例。

【范例 1】回答使用者对特定问题的疑问，并提供相关资料来源以支持解答。

例如"根据这份研究报告（引用资料来源），在最近的调查中发现，使用人工智能技术可以提高生产效率。你可以参考该报告以获取更详细的资料和研究方法"。

【范例 2】回答使用者对特定技术概念的疑问，并引用专业书或学术论文作为支持。

例如"根据这本专业书（引用资料来源），容器虚拟化是一种将应用程序及其必要的依赖环境一同封装，实现跨平台的可移植性和应用之间的有效隔离的技术"。

【范例 3】回答使用者对特定主题的研究问题，并引用学术论文或专家观点以提供权威性的信息。

例如"根据这篇学术论文（引用资料来源），在过去的研究中发现，人工智能在医学影像分析中取得了显著的成果。你可以阅读该论文以了解更多有关人工智能在医学领域的应用和成果"。

这些范例展示了如何以专业的方式下达指示，确保正确引用和注明所使用资料的来源。这有助于提高解答的可信度和透明度，让使用者知道资料的来源并进一步查阅。

11.4 知识查询和解答提示技巧应用实例

本节将通过具体的应用实例来讲解知识查询和解答提示技巧的实际应用价值。这些实例将帮助使用者更好地理解和应用本章所介绍的提示技巧。

11.4.1 网站客服机器人

作为网站客服机器人，与网站访问者对话，提供关于产品、服务或常见问题的解答。下面有 4 个以 AIGC 提示工程师专业身份下达指示的范例，用于设计网站客服机器人的对话流程。

【范例 1】请网站访问者提供具体的问题或需求，以便客服机器人提供相关的解答。

例如可以回复："欢迎来到我们的网站！请问你有什么问题或需求？请描述你的问题或提供更多相关细节，以便我们的客服机器人给出精确的回答。"

【范例 2】询问网站访问者的意图或目的，以便客服机器人提供相应的解答和协助。

例如可以回复："很高兴为你服务！请问你是来寻找有关我们产品的信息，还是有订单、付款或退货方面的问题？请告诉我们你的意图，我们的客服机器人将提供相应的帮助。"

【范例 3】引导网站访问者使用关键词或短语描述他们的问题，以便客服机器人更好地理解并提供解答。

例如可以回复："为了更好地了解你的问题，请使用几个关键词或短语来描述你的问题。例如，你可以使用'产品安装问题''付款方式''配送时效'等关键词，这样我们的客服机器人能更准确地回答你的问题。"

【范例 4】提供指引，让网站访问者选择特定的主题或类别，以便客服机器人提供相应的信息和解答。

例如可以回复："我们的知识库涵盖多个主题，包括产品功能、常见问题、技术支援等。请选择你感兴趣的主题，我们的客服机器人将提供相应的信息和解答。你可以选择'产品功能''常见问题''技术支援'等主题。"

这些范例可以引导网站访问者与客服机器人进行对话，让客服机器人提供他们所需的解答。通过询问具体问题、意图和关键词，或者引导他们选择特定主题，客服机器人能更准确地理解网站访问者的需求并提供相关的解答和支持。

11.4.2 在线论坛参与者

作为在线论坛参与者，参与在线论坛，回答其他使用者的问题，分享专业知识。下面列举了 4 个以 AIGC 提示工程师专业身份下达指示的范例，用于参与在线论坛并分享专业知识。

【范例 1】欢迎新使用者并邀请他们提出问题或需求，以便你提供解答和帮助。

例如可以回复："欢迎加入我们的在线论坛！如果你有任何关于软件开发、网络安全或数据库管理等方面的问题，请在这里提出。我们的专业 AIGC 提示工程师将竭诚为你提供帮助。请描述你的问题并提供相关细节，以便我们更好地理解并给出解答。"

【范例 2】引导使用者使用明确的标题和分类，以便其他使用者更容易地找到他们感兴趣的主题。

例如可以回复："在提问前，请确保你的标题能够明确反映你问题的内容。例如，你的问题涉及 Python 的错误信息，请在标题中包含'Python 错误信息'。此外，请选择适当的分类或主题，以便其他使用者更容易找到并回答你的问题。"

【范例 3】要求使用者提供相关的程序代码、错误信息或截图，以便更好地理解问题并给出准确的解答。

例如可以回复："如果你有一个与程序代码有关的问题，请在提问中附上相关的代码片段，这将有助于我们更好地理解你的问题并提供准确的解答。同样地，如果你遇到了错误信息，请将错误信息完整地复制并粘贴在问题中，这样我们才能更好地分析并找到解决方案。"

【范例 4】鼓励使用者提供相关的参考资料或链接，以支持他们的观点或解答。

例如可以回复："如果你在回答他人的问题时使用了外部资源或参考了特定的文献，请在回答中提供相关的参考资料或链接，这样其他使用者也能够参考和深入了解相关内容。这将提高你回答的可信度和价值。"

以上的范例可以帮助 AIGC 提示工程师以专业的方式参与在线论坛并分享专业知识，同时确保提供的解答具有高质量和价值。

11.4.3 数据库管理员

作为数据库管理员，为使用者提供关于数据库的查询服务和解答，包括查询特定信息、资料分析等。下面列举了 3 个以 AIGC 提示工程师专业身份下达指示的范例。

【范例 1】要求使用者提供具体的查询需求，包括所需的数据项、条件和排序方式。

例如可以回复："请提供你想要查询的数据项和相关条件。例如，你需要查询某个客户的订单记录，请提供客户姓名、订单日期范围以及排序方式（如按日期升序或降序）。这将有助于我们精确地查询并提供你所需的资料。"

【范例 2】要求使用者提供遇到的任何错误信息或问题，以便进行故障排除。

例如可以回复："如果你遇到了任何错误信息或问题，请将其完整地复制并粘贴在回答中。同时，请提供一些背景信息，例如你执行的操作、出现问题的资料表等。这将有助于我们进行故障排除并给出相应的解决方案。"

【范例 3】引导使用者使用适当的查询语法或工具，以便他们能够自行进行数据库操作。

例如可以回复："如果你希望自行进行数据库操作，我们建议使用 SQL 语法进行查询。使用 SELECT 语句来选择所需的数据字段，使用 FROM 语句来确定数据来源的表，以及使用 WHERE 语句来设定筛选条件。如需更详细的指导，请提供你所使用的数据库管理系统（例如 MySQL、Oracle 等），以便我们能够提供相应的查询示例。"

第 12 章　创意和故事写作提示技巧

在创意与故事写作中，构建扣人心弦的情节与塑造鲜明有趣的角色无疑是关键所在。本章的目的在于提供一系列严谨而实用的技巧，以激发你的创意火花，助你塑造出令人难以忘怀的角色，构建出层次分明的场景与背景。同时，通过实例分析，本章将展示这些技巧在创意与故事写作中的实际应用，为你的创作之路提供有力支持。

12.1　激发创意和构建故事情节

本节将介绍一些方法和技巧，帮助你在写作过程中发现新的点子和情节。通过适当的情节发展，你可以打造出令人着迷的故事世界，引领读者穿越其中。

12.1.1　多元化的灵感来源

从生活、艺术、文学、科学、历史等各个领域寻找灵感，这将为你的创意注入新的元素。

想要寻求创意和故事写作方面的灵感时，可以参考表 12-1。

表 12-1

灵感来源	说明
从生活中寻找灵感	观察身边的人物、事件和环境，并思考其所表达的情感和发生的故事。写下观察到的情境或引起共鸣的事件，并以此为基础展开创作
探索艺术领域	阅读一篇艺术评论或观赏一幅艺术作品，选择喜欢的元素，例如画面中独特的色彩运用或角色的情感表达，并将其转化为故事中的一个关键元素，以增强故事的表现力和感染力
从文学中获取灵感	从喜欢的文学作品中，挑选一本小说或诗集，仔细阅读其中的某个情节或诗篇，然后将其改编成自己的故事或诗歌(请注意版权问题)。在改写的过程中，请保留原作的核心情感或主题，并尝试加入自己的风格和想象力
探索科学和历史领域	阅读有关科学发现或历史事件的书或文章，并了解其背后的故事和产生的影响。同时，从中挑选一个有趣的事实或故事片段，并将其融入创作中，以增强故事的真实感和丰富性

下面是 AI 模型给出的范例。

> 🤖
> **提示**
>
> 　　请从有关外星人的科学发现或历史事件的文章或书中提取信息，并将其融入奇幻小说创作中，同时请提供详细的大纲。

✳ AI 回答

标题：《星际之门：异界纪元》

概述

《星际之门：异界纪元》是一部融合了外星科学发现和历史事件的奇幻小说。故事围绕一扇古老文明遗留的星际传送门展开，这扇传送门意外地将现代人类与一个充满魔法和神秘生物的异世界连接起来。随着两个世界间的互动，主角们不仅要探索外星科技与魔法力量结合的可能性，还要面对隐藏在历史阴影中的秘密和即将到来的威胁。

大纲

第一章：星门启动

- 科学家团队在南极洲地下深处发现了一扇古老的星际传送门。
- 在尝试激活传送门时，意外的能量波动将一名古语言学家和一名冒险家送往另一个维度。

第二章：异世初探

- 主角们在异世界中醒来，发现自己置身于一片未知而奇异的大陆。
- 他们遇到了本土居民，了解到这个世界拥有高度发达的魔法文明和多样的生物种类。

第三章：失落的历史

- 通过与当地学者交流，主角们得知这个星球曾经是远古星际联盟的一部分。
- 他们开始寻找可以证明这一历史的遗迹和线索。

第四章：禁忌的力量

- 主角们发现，古代文明曾因滥用传送门而导致灾难。
- 他们必须找到一种方法来稳定传送门，并防止历史悲剧重演。

第五章：异种入侵

- 从传送门另一端穿越过来的地球微生物开始在异世界引发生态危机。
- 同时，一种未知的外星生物跟随传送门的能量波动抵达，威胁着两个世界的安全。

第六章：知识融合

- 主角们与异世界的魔法师合作，研究如何结合外星科技和魔法力量。
- 他们成功创造了一种新的防御系统，暂时抵御了外星生物的攻击。

第七章：历史的阴影

- 进一步的研究揭示了星际联盟的衰落是由于一场跨维度的战争。
- 主角们意识到要关闭传送门，必须找到星际联盟遗留的钥匙。

第八章：最终决战

- 在寻找钥匙的过程中，主角们遇到了那些希望利用传送门征服其他世界的势力。
- 经过一系列策略布局和战斗，主角们终于找到了钥匙。

第九章：封闭的门户

● 使用钥匙，主角们成功关闭了传送门，切断了两个世界的联系。

● 为了维持两个世界的平衡，他们选择摧毁钥匙，确保传送门无法再次开启。

第十章：新的纪元

● 主角们成了两个世界的英雄，他们的故事被传唱。

● 故事以开放的方式结束，留下了未来探索和无限可能的空间。

通过这样的结构，小说不仅融入了有关外星生物的科学探索和历史事件的元素，还构建了一个奇幻世界，为读者提供了一场跨越科学与魔法界限的冒险旅程。

12.1.2 问"如果"的问题

在构思故事的过程中，通过设想各种可能的场景和情节，并结合"如果"这一假设性提问，你将能够提升故事的多样性，提升故事的深度。若你想在创意和故事写作中运用"如果"这一提问方式，可参考表 12-2。

表 12-2

问题策略	说明
想象一个完全不同的世界	发挥想象力，创造一个与现实世界完全不同的场景或情节。然后问自己"如果"的问题,例如:如果人类能够掌握时间旅行技术,会发生什么事情?如果地球上的引力突然消失,会对人类生活产生怎样的影响?这些问题可以启发你探索新奇、独特的故事
逆转现有的情节或角色设定	选择一个熟悉的情节或角色，然后问自己"如果"的问题，以改变或逆转该情节或角色的特定要素。例如:如果一个平凡的人突然拥有了超能力,你认为会发生什么惊人的事情?如果一个反派角色突然意识到自己的邪恶行为,你觉得会如何改变剧情走向?
将不同的时代、文化或背景相结合	选择两个不同的时代、文化或背景，然后问自己"如果"的问题，例如,如果古代武士的道德观与现代科技相结合，会产生怎样的冲突?

下面是 AI 模型给出的范例。

提示   如果地球上的引力突然消失，会对人类生活产生怎样的影响？

❋ **AI 回答**

如果地球上的引力突然消失，人类生活将会受到极其严重的影响，具体如下。

1.大气层消失：地球的引力是保持大气层不被太空中的其他力量带走的关键。没有了引力，大气层将会"逃逸"到太空中，导致地表上的生物无法呼吸，迅速死亡。

2. 物体飞离地表：由于惯性的作用，地面上的所有物体，包括海洋、土壤、建筑物等，都会因为失去引力的束缚而被甩入太空。

3. 生物体肿胀：生物体内的液体和气体将不再受到重力的约束，可能导致生物体肿胀，甚至造成血管和内脏损伤。

4. 地球轨道改变：地球与月球之间的引力平衡将被打破，月球可能会逃离地球，或者引发巨大的潮汐波，对陆地造成破坏。

5. 气候变化：重力的改变可能会导致势能的释放，引发短期甚至长期的气候变化，如大规模的降雨或全球变暖等。

6. 生态系统崩溃：生物链将因为重力的消失而断裂，从微生物到高等生物的生态系统都将遭受灾难性的打击。

7. 社会经济混乱：人类社会基于地球的重力环境建立，如果地球上的引力突然消失，从农业生产到城市规划，再到交通系统，所有一切都将失去意义，社会秩序可能会完全混乱。

8. 暴露于更强烈的宇宙射线之下：地球的磁场依赖于地球的自转，而自转又依赖于重力。地球失去引力可能会导致磁场减弱，从而使地球表面暴露于更强烈的宇宙射线之下。

综上所述，如果地球上的引力突然消失，将会对人类的生活产生灾难性的影响，包括大气层消失、物体飞离地表、生物体肿胀、地球轨道改变、气候变化、生态系统崩溃、社会经济混乱以及暴露于更强烈的宇宙射线之下等。因此，引力对地球上的生命和人类文明至关重要。

以上范例的目的在于帮助你问"如果"的问题来拓展故事的可能性。通过提出这些问题，你可以发挥想象力，探索故事中的不同情节和角色发展，并创造出独特的故事内容。

12.1.3　随笔写作

定期抽时间撰写随笔，让思维自由发散，这种做法能够促进创造力的释放并激发灵感。表 12-3 可以作为你进行随笔写作时的参考，以帮助你激发创意和探索新颖的思维方式。

表 12-3

写作策略	说明
寻找一个舒适和安静的环境	寻找一个可以放松并专注于写作的地方，给自己一些进行随笔写作的时间，确保这个地方没有干扰和噪声，以免扰乱思绪
设定一个固定的写作时间	为自己设定一个固定的写作时间，如每日或每周的固定时间段，以养成一种写作习惯。在这段时间内，让思绪自由流动并有效地表达自己的想法和感受

写作策略	说明
尝试不同的写作方式	除了传统的笔墨写作，尝试使用电子笔、语音笔记或写作软件等不同方式进行随笔写作。这样可以有不同的体验，以激发新的创意和想法
不要限制自己	在撰写随笔时，不要过分在意文法、拼写和句法结构，这样的放松态度将有助于释放创意并发现新的想法
寻找启发	在写作时，如果缺乏灵感，可以尝试阅读他人的作品、观赏艺术品、听音乐和与其他人进行交流，这些启发来源可以激发创意，为随笔写作带来全新的想法和视角

这些写作策略可帮助你在随笔写作中释放创意并发现新的想法。需要强调的是，随笔写作是一种自由的表达方式，重点在于让思维流畅，不受限制地表达自己的想法和感受。通过选择适合你的环境、安排规律且合适的写作时间，并保持开放而专注的心态，你可以更有效地释放创意并发现新的想法。

12.2 构建妙趣横生的角色

本节将介绍如何构建出富有趣味和独特魅力的角色，这是一个故事中不可或缺的部分。本节将深入分析如何赋予角色独特的个性和立体感，涉及角色的背景故事、内在动机以及鲜明的性格特征。

12.2.1 创造多维度的角色

赋予角色独特的属性、目标、动机以及心理，从而使其显得真实并具有吸引力。表 12-4 中的内容可以帮助你创造多维度的角色。

表 12-4

不同维度	说明
设定角色的特征	为角色设定一些特征，例如外貌、个性、兴趣和专长特征。确保这些特征与角色的性质和发展相关联，这有助于创造出一个具有多样性和真实性的角色
设定角色的目标和渴望	当考虑角色的个人目标和渴望时，要深入他们的内心世界，探索他们所追求的事物。这些目标可能表现为外在的成就，如攀登职业的高峰或完成一个重大项目；也可能表现为内在的探求，如对真理的不懈追求或对幸福的不断寻觅。每一个目标，无论大小，都是角色个性和成长的重要体现，它们塑造着角色的动机，推动着他们的故事向前发展

续表

不同维度	说明
探索角色的内心世界	深入探索角色的内心世界，了解他们的恐惧、渴望和内心冲突。了解角色的内心经历和情感状态，可以使他们更具深度和真实性
建立角色之间的关系	建立角色之间的关系网络，包括他们与家庭成员、朋友或合作伙伴等角色之间的关系。这些关系可以影响角色的行为、决策和情感状态，并为故事增添情感张力和人际互动
为角色提供成长和发展的机会	在故事中给予角色面对挑战、克服困难和学习成长的机会，这将使角色更具动态性和变化，并引起读者的兴趣和共鸣

需要注意的是，每个角色都应该有自己的独特性和内在世界，并且他们的目标、动机和关系将影响他们的行为和故事的发展。

12.2.2　行为和反应的一致性

确保角色的行为和反应与其个性和背景相一致，这将使读者更容易投入故事中。你可以参考表 12-5，以确保角色的行为和反应与其个性和背景相一致。

表 12-5

一致性要素	说明
确定角色的核心特质	确定角色的核心特质，包括个性、价值观和信念体系。这些特质应与角色的背景和经历相一致，并在他们的行为和反应中得到体现。例如，角色被描述为勇敢和坚毅的人，那么他们在面对困难时应该展现出相应的行动和反应
考虑角色的背景和经历	了解角色的背景故事、成长环境和经历过的事件。这些因素将对他们的价值观、信念和行为模式产生影响。在创作角色的行为和反应时，请考虑这些因素，以确保其一致性和可信度
创造独特的语言和语调	每个角色应该有自己独特的语言和语调。考虑他们的教育背景、所处地理位置、文化背景等因素，以及他们的个性特点，这将使角色的对话和内心独白与其个性相匹配
关注角色的情感反应	考虑角色在不同情境下的情感反应和情绪变化。根据他们的性格特点和生活经历，他们对快乐、愤怒、悲伤等情感的表达方式各不相同。精确刻画这些细节，可以使角色的行为更加真实，从而增强读者对其的情感共鸣
审查和调整角色的行为一致性	在故事写作的过程中，应定期回顾并调整角色的行为和反应，以确保其一致性和可信度。检查角色的对话、行动和决策是否与其个性和背景相符，并进行必要的调整

这些一致性要素将有助于确保角色的行为和反应与其个性和背景相一致，从而提高故事的真实感和读者的参与度。

12.2.3 角色关系的发展

通过交互作用和冲突来发展角色之间的关系，这将增加故事的情感张力和动力。你可以参考表 12-6。

表 12-6

角色关系发展策略	说明
描写冲突情节	考虑角色间可能存在的冲突和矛盾点，例如意见不同、价值观不同、存在竞争关系等。描写角色在故事中遭遇这些冲突情节，并观察角色的反应和行为，为故事增添情感张力，促进剧情发展
设定共同目标	设定角色之间共同追求的目标或利益，这样不仅创造了生动的角色，还推动了故事情节的发展。在故事中设置角色通过合作、协调或对抗来实现这些目标的场景，细致描绘他们之间的互动和变化
揭示角色的过去和背景	深入挖掘角色之间的共同历史或背景故事，并将这些细节巧妙融入剧情中。让角色在故事里分享他们的过去、情感纠葛或秘密，以此加深彼此间的关系，从而提升读者对角色之间关系的好奇心
创造情感交流的场景	创造充满情感的场景，让角色在其中展开深入的情感交流和对话。这样的场景能够吸引读者的投入，并使他们感受到角色关系的发展

这些角色关系发展策略将帮助你发展角色之间的关系，增加故事的情感张力和动力，使读者更加投入和关注故事的发展。

12.3 打造令人难忘的场景和背景

场景和背景是故事的舞台，能够营造出故事的氛围和情感。本节将探讨如何打造令人难忘的场景和背景，使读者能够身临其境。本节将讨论描写细节、运用感官描写和营造独特氛围的技巧，帮助你打造丰富而生动的故事场景和背景。

12.3.1 生动的描述和感官细节

参考表 12-7，你可以使用生动的描述和感官细节来描绘场景和背景，使读者身临其境。

表 12-7

描述策略	说明
运用形容词或形容词词组	在场景和背景描写中，采用具体的形容词或形容词词组来细致描绘场景和背景的特征。例如，使用"绿茵茵的草地""阴影下闪烁的光芒"等描绘自然环境。这样能使读者形成清晰且生动的场景和背景印象

续表

描述策略	说明
加入感官细节	在场景和背景描写中加入感官细节，如声音、味道、触感等，以丰富读者的感知体验。例如，描述餐厅场景中"通过烟熏的气味和嘈杂的说话声，你感受到烤肉的香气和人群的热闹"，使读者更深入地感受到场景和背景的真实性，产生身临其境的感觉
使用比喻和隐喻	运用比喻和隐喻来描绘场景和背景，以营造出独特且丰富的意象。例如，使用比喻，"夜空中的星星如同闪烁的钻石点缀着黑色的丝绸布"。这赋予场景和背景更多的诗意和想象力，使读者产生情感共鸣
展现动态和细节	在场景和背景描写中，展现动态和细节，使场景和背景更加生动。例如，描述一个城市夜晚的景象时，"行人匆忙地穿梭于霓虹灯光下，车辆的喇叭声不断地响起，露天市场人头攒动"。这将使读者感受到场景和背景的活力和真实性，仿佛身临其境

下面是 AI 模型给出的范例。

> 🤖 **提示**
>
> 请用"绿茵茵的草地"来描绘自然环境的场景。

❄️ **AI 回答**

清晨的阳光轻轻洒落，为一片广袤的草地镀上了一层金色的光辉。这片草地绿意盎然，仿佛一块绿色织锦，每一棵草都饱含着生命的活力。它们簇拥在一起，形成了一片绿茵茵的海洋，随着微风的吹拂，轻轻摇曳，宛如碧波荡漾。

踏上草地，可以感受到脚下那柔软的触感，仿佛踏在了一张绿色的绒毯上。草叶间，露珠晶莹剔透，闪烁着微弱的光芒，宛如镶嵌在绿色宝石中的珍珠。几只蝴蝶在草丛中翩翩起舞，它们的翅膀在阳光下闪烁着五彩斑斓的光芒，给这片草地增添了几分生动和活泼。

草地上有几棵参天大树，它们的枝叶繁茂，为这片草地提供了一片阴凉。阳光透过树叶的缝隙，洒下斑驳的光影，给这片草地增添了几分神秘和幽静。在这片绿茵茵的草地上，仿佛可以听到大自然的心跳声，它的节奏平稳而有力，让人感到无比宁静和安详。

远处，山峦起伏，连绵不断。天空中，几朵白云悠闲地飘浮着，与蓝色的天幕相映成趣。这一切构成了一个和谐而美丽的自然环境，让人仿佛置身于一幅美丽的画卷之中，并能感受到大自然的魅力和神奇。

以上范例将帮助你使用生动的描述和感官细节来描绘场景和背景，让读者身临其境，感受故事的丰富性和真实性。

12.3.2 独特的环境元素

你可以参考表 12-8，为场景和背景增添独特的元素和特色，使其与众不同并令人难忘。

表 12-8

环境元素	说明
引入独特的自然元素	在场景和背景描写中引入独特的自然元素，如奇特的地理地貌、罕见的植物或动物等。例如，描写一片森林时，可以加入"巨大的琥珀色蘑菇群""发光的花朵"等独特的自然元素，这将使场景和背景变得与众不同且令人印象深刻
强调独特的建筑风格	在场景和背景描写中强调独特的建筑风格，如古老的城堡、未来主义的建筑或奇幻的仙境住所。例如，描写一个城市时，可以强调"透明玻璃摩天大楼中嵌入的流动瀑布""镶嵌有发光植物的生态墙"等独特的建筑风格，这将使场景和背景变得独特且令人难忘
加入独特的文化元素	在场景和背景描写中加入独特的文化元素，如特殊的节庆、传统的仪式或当地的特色文化活动。例如，描写一个村庄时，可以加入"五彩缤纷的传统舞蹈表演""拥有神秘仪式的祭祀庙宇"等独特的文化元素，这将使场景和背景充满魅力且令人难忘
凸显独特的时代背景	在场景和背景描写中凸显独特的时代背景，如未来科技发达的社会、古代的历史时期或奇幻的魔法世界。例如，描写一个城市时，可以强调"飞行汽车和自动机器人的存在""被魔法力量环绕的城市塔楼"等独特的时代背景，这将使场景和背景充满奇幻感和独特性

下面是 AI 模型给出的范例。

提示

　　请设计一个角色扮演游戏的关卡，场景设定在一片森林中。在描述这片森林时，加入一些独特的自然元素，比如巨大的琥珀色蘑菇群或者发光的花朵，使这个场景变得与众不同且令人印象深刻。

❋ AI 回答

关卡名称：神秘森林的秘密

情境设定

玩家进入了一片名为"幽光林"的神秘森林，这片森林鲜为人知，传说中它隐藏着古老的秘密和未知的力量。森林中的生物拥有不同寻常的特征，使整个环境显得既美丽又危险。

关卡描述

1.巨大的琥珀色蘑菇群：玩家首先会遇到一片巨大的蘑菇群，这些蘑菇高达数米，散发出淡淡的琥珀色光芒，夜晚时分尤为醒目。蘑菇群中心有一个巨大的蘑菇，其下隐藏着一个小型地下洞穴，洞穴内藏有关键道具——古代精灵留下的魔法卷轴。

2. 发光的花朵：穿过蘑菇群后，玩家将进入一片由发光的花朵构成的花海。这些花朵在黑暗中闪烁着蓝色和绿色的光芒，它们不仅美丽迷人，还能释放出具有治疗效果的香气。玩家可以利用这些花朵恢复生命值。

3. 悬浮石：在花海的尽头，玩家会发现一些悬浮在空中的石头，这些石头周围环绕着微弱的光环，玩家需要通过跳跃或使用特定的风系魔法到达这些石头上，以继续前进。

4. 迷雾区域：深入森林后，玩家将进入一个被浓厚迷雾笼罩的区域。在这里，视线受到极大限制，而且迷雾中隐藏着幻觉陷阱，玩家需要解开谜题才能找到正确的路径。

5. 古老树灵：在迷雾区域的中心，有一棵古老的树，它的树干上刻满了奇怪的符号。这棵树实际上是一位古老的树灵，它会向玩家发起挑战，玩家只有完成它的 3 个任务，才能获得通往下一区域的关键物品。

独特自然元素的应用

● 巨大的琥珀色蘑菇群不仅为玩家带来了视觉上的震撼，也成了探索和解谜的关键点。

● 发光的花朵增添了神秘氛围，同时也是游戏中的自然治疗点，引导玩家探索和使用环境资源。

● 悬浮石增加了关卡的空间感和挑战性，要求玩家灵活运用角色的移动技能。

● 迷雾区域提升了游戏的神秘感和难度，考验玩家的观察力和解谜能力。

● 古老树灵的设计融入了角色扮演游戏中常见的任务机制，同时也为玩家提供了与环境互动的机会。

通过这些独特的自然元素，这个关卡不仅让玩家感受到了森林的神秘和美丽，还提供了丰富的探索和挑战内容，使玩家的游戏体验更加丰富和难忘。

以上范例将有助于你打造独特且令人难忘的场景和背景，提升故事的吸引力和深度。

12.3.3　地点研究和想象

表 12-9 可以帮助你打造具有独特魅力的场景和背景。

表 12-9

策略	说明
进行地点研究	对特定地点进行研究，包括该地区的地理环境、文化特色、建筑风格等方面。例如，对古埃及进行研究，以了解金字塔、尼罗河和法老文化，这将帮助你打造具有真实感和独特魅力的场景和背景
运用想象力	运用丰富的想象力创造出独特的场景和背景。例如，想象一个未来的科技城市，详细描述其高科技建筑、飞行交通工具和智能机器人，这将帮助你打造具有独特魅力和吸引力的场景和背景

续表

策略	说明
融合多个地点元素	将多个地点的元素融合在一起,打造独特的场景和背景。例如,将古希腊的神庙、巴厘岛的热带风光和未来科技的元素结合,打造一个奇幻和独特的场景和背景
从文学和影视作品中获得启发	从文学作品、电影或电视剧中获取灵感,并在创作中加以发挥。例如,从《哈利·波特》系列中的霍格沃茨魔法学校中获取灵感,打造出一个具有魔法元素和独特魅力的场景和背景

■ 12.4 创意和故事写作提示技巧应用实例

本节将通过一些应用实例来示范创意和故事写作提示技巧的应用。这些实例涵盖不同类型和风格的故事,从短篇故事到长篇小说,从幻想冒险故事到现实主义故事。通过这些实例,你将能够更好地理解如何将所学的技巧应用于自己的创作中。

12.4.1 小说写作

表 12-10 可以帮助你进行小说写作并创作出令人着迷的故事情节、有趣的角色和难忘的场景。

表 12-10

写作要素	说明
故事情节发展	在故事中引入冲突和转折,创造出扣人心弦的情节。例如,在主角遭遇困难后,引入一个意想不到的事件,这将推动故事向前发展并引起读者的兴趣
角色发展	给予主要角色明确的目标和动机,并通过他们的行动和决策展现其成长和变化。例如,主角在故事中面临一个挑战,并通过克服困难和学习经验来实现个人成长
场景描写	使用丰富的语言和感官细节来描绘场景,使读者身临其境。例如,描述一片风雨交加的森林,细致地描绘树叶的声音、雨滴的气味和湿地的触感,这将增加场景的真实感,引起读者的共鸣
情节编排	编排情节的顺序,通过适当的节奏和悬疑元素吸引读者的注意力。例如,将故事中的重要信息和关键事件安排在适当的时间点,以引起读者的好奇心

下面以"故事情节发展"写作要素为例,向 AI 模型下达如下指示。

> 🖥️ **提示**
>
> 　　当巴冷公主被鬼怪精灵包围后，部落的卡多勇士出现，请创造出一个意想不到的事件，让故事向前发展并引起读者的兴趣。

✳️ AI 回答

　　巴冷公主被一群鬼怪精灵团团围住，它们的眼睛闪烁着幽绿的光芒，发出尖锐而诡异的笑声。正当它们准备发起最后的攻击之时，丛林深处忽然响起一阵低沉而又悠远的号角声。这突如其来的声响让所有的鬼怪精灵瞬间愣住了，它们的眼中首次出现了慌乱。

　　就在这片刻的迟疑中，天空中忽然闪过一道璀璨的光芒，照亮了整片丛林。光芒中，一个身影缓缓降落，他身披闪耀着白光的战甲，手持一把长矛——这位便是传说中的卡多勇士，但他的到来方式却完全超乎所有人的预料。

　　卡多并未立即投入战斗，而是闭上了眼睛，低声吟唱起古老而神秘的咒语。随着他的吟唱，地面开始轻轻震动，接着，一株株巨大的荧光植物破土而出，迅速生长，它们的光芒比之前那些鬼怪精灵的眼睛更加耀眼，却充满了温暖与和平的感觉。这些植物迅速编织成一张光之网，将鬼怪精灵温柔地包裹起来，而不是伤害它们。

　　更令人惊奇的是，被包裹的鬼怪精灵逐渐褪去了那股恶意与狰狞，它们的眼神变得柔和，体态也开始变化，最终化作了一只只小动物，如狐狸、兔子，甚至是奇异的、从未见过的精灵生物，它们围绕在巴冷公主和卡多周围，显得十分好奇。

　　巴冷公主与卡多对视一眼，她的眼中满是惊讶与不解。卡多轻声解释："真正的勇气，不是用武力征服敌人，而是以心灵的光芒去感化敌人。这些鬼怪精灵其实是迷失的灵魂，被遗忘的自然之灵。我的族人曾与它们和谐共存，今日，我不过是重拾了这份遗失的联系。"

　　卡多不仅解救了巴冷公主，也颠覆了所有人对勇气与战斗的传统认知，这开启了部落与自然之灵和平共处的新纪元，也让这段传奇故事流传千古，激发了无数读者对和谐、理解与真正勇气的深刻思考。

12.4.2　电影剧本

　　为了撰写引人入胜的电影剧本，要精心构思剧情、刻画角色以及设置场景，从而使观众产生共鸣。表 12-11 可以帮助你在电影剧本创作上更上一层楼，打造深入人心的剧情、栩栩如生的角色以及引人入胜的场景。

表 12-11

创作策略	说明
剧情结构设计	确定剧本的三幕结构，三幕结构是叙事小说中使用的一种模式，它将故事分为 3 个部分，通常称为"设置""对抗""解决方案"，分别是引入主要角色和冲突、发展故事情节和解决冲突的高潮部分。例如，在第一幕中引入主要角色并设定他们的目标，然后在第二幕中加入挑战和冲突，最终在第三幕中解决冲突，达到高潮

创作策略	说明
角色发展和对话	确保角色之间的对话与其个性和目标一致,同时展现他们的成长和变化。例如,在角色之间的对话中表现出他们的内心冲突和情感变化,这将增加剧本的情感张力和角色的可信度
场景和动作描述	使用生动的语言和具体的描述来描绘场景和动作,使观众能够清晰地想象和感受到剧本中的场景和情节。例如,描述一个充满紧张氛围的追逐场景,细致地描绘角色的动作、环境的氛围和随之而来的情感,这将增加剧本的戏剧效果和观众的投入感
剧本节奏和悬疑元素安排	安排剧本中的节奏和悬疑元素,以吸引观众的注意力并保持剧情的吸引力。例如,在剧本的关键时刻引入悬疑元素,让观众渴望继续观看以揭开谜团,同时使观众注意到节奏的变化和故事的节点

这些创作策略将帮助你打造令观众投入的剧情、生动的角色和精彩的场景,从而提升电影剧本的吸引力和观赏价值。

12.4.3　广告和营销文案

运用创意和故事写作提示技巧,创作吸引人的广告和营销文案,以引起消费者的兴趣和共鸣。你可以参考表 12-12。

表 12-12

创作策略	说明
定义目标和目标客群	明确定义广告和营销文案的目标,并确定目标客群。例如,描述广告的目的是促销一款新产品,并指定目标客群为特定年龄段或特定兴趣群体的消费者
确定核心信息和品牌价值	确定广告和营销文案的核心信息,并突出品牌的价值和优势。例如,在文案中强调产品的独特功能或优越性能,以及品牌的核心价值观,这将帮助消费者理解并记住广告的关键信息
打造故事情节和建立情感连接	使用故事情节和情感元素来引起消费者的兴趣和共鸣。例如,创作一个吸引人的故事情节,通过触动消费者的情感,使他们与广告中的角色或情境产生情感连接
使用简洁和饶有趣味的语言	使用简洁明了、有力的语言,以吸引消费者的注意力并有效地传达信息。例如,使用精确的词汇和有趣的描述来吸引消费者的目光,同时保持文案的清晰和易读性

下面是使用 AI 模型辅助撰写的一篇适合社群营销的文案。

> 请针对"油漆式速记多国语言云端学习系统，让记单词不再是难题！"这个标题写一篇适合社群营销的文案。
>
> 字数：200 字以内。
>
> 广告目标：吸引有大量记单词需求的使用者。
>
> 文案风格：体现专业性。

❋ AI 回答（见图 12-1）

标题：油漆式速记多国语言云端学习系统，让记单词不再是难题！

正文

🔆 想要快速掌握多国语言，提升词汇量吗？我们的油漆式速记多国语言云端学习系统，专为追求效率的你设计！

📖 采用先进的记忆技巧，将单词像油漆一样"涂抹"进你的大脑，让你在短时间内轻松记下大量单词。

☁️ 云端学习，随时随地，让你的学习更加灵活。

🔍 个性化学习计划，根据你的学习进度和记忆能力，定制专属于你的学习方案。

🔗 立即加入我们，开启你的多国语言学习之旅，让记单词变得简单又高效！

👉 点击了解更多，开启你的速记之旅！立即体验

语言学习 # 速记技巧 # 云端学习 # 个性化学习计划

图 12-1

第 13 章　创新应用的提示技巧

本章将介绍创新应用的各种提示技巧。创新是推动社会进步和个人成长的重要力量。将创新应用于实践中，是将创新转化为实际价值的关键。无论你从事的是艺术创作、设计、游戏开发领域还是商业领域，本章的内容都将为你的实践活动提供宝贵的指导与启示。

13.1　艺术创作和设计的提示技巧

艺术创作和设计是将想法和概念转化为视觉表达的过程。本节将介绍如何运用创新的提示技巧来提升艺术创作和设计的效果。无论你是一位艺术家、设计师还是其他对视觉表达感兴趣的人，这些提示技巧都将帮助你激发创意，创造出令人惊艳的作品。

13.1.1　开发概念

在艺术创作和设计领域，开发概念是一个重要的步骤。此时可以借助提示，它能帮助你产生创意和构思。输入一些关键词，让 AI 模型生成一些新奇的想法和设计元素。下面的示例可以帮助你在构思开发阶段获得创新的想法及设计元素。

- 以"自然"和"未来"作为关键词，生成结合自然元素和未来科技的设计概念。例如，设计一个未来城市中的公共艺术装置，将自然元素（如植物、水和阳光）与高科技材料及灯光效果相结合，创造出一个环保、智能且令人惊叹的艺术品。

提示

以"自然"和"未来"作为关键词，生成结合自然元素和未来科技的设计概念。

AI 回答

以"自然"和"未来"作为关键词，将自然元素与未来科技相结合，创造和谐共生的空间。以下是一些设计概念。

1. 智能城市公园：未来的城市公园不仅是休闲的场所，还是集成了智能技术的生态中心。公园内部署了环境监测传感器，实时收集空气质量、土壤湿度等数据，并通过移动应用程序向公众提供信息。同时，公园内的设施如灯光和灌溉系统都是自动化和智能化的，以节约资源。

2. 可持续交通系统：设计一种结合自然景观的可持续交通系统。例如，在轨道交通线路沿途种植本土植物，车站则采用透明材料建造，让乘客在等待和乘坐过程中能感受到周围的自然环境。

3. 生物模拟建筑：利用仿生学原理，模仿自然界中生物的形状和功能，设计建筑结构和材料。例如，使用能够自我修复的材料，或者设计能够像树木一样吸收二氧化碳的建筑。

4. 海洋生态居住区：开发海洋生态居住区，利用海水温差发电和海水淡化技术，为居民提供能源和淡水。居住区内的生态系统模拟海洋环境，保护海洋生物多样性。

5. 虚拟自然体验室：结合虚拟现实（VR）和增强现实（AR）技术，创建一个可以在家中体验的自然虚拟环境。用户可以通过头戴设备或智能屏幕，沉浸在模拟的森林、山脉或珊瑚礁景色中，享受自然带来的宁静和美丽。

6. 空中花园连廊：在城市高楼之间建立一系列连廊，这些连廊不仅是通行的道路，也是种满植物的空中花园。它们提供了一个绿色的休息空间，同时也帮助改善城市的小气候。

7. 智慧农业平台：开发一个集成先进传感器、无人机和人工智能的农业管理平台。这个平台可以在城市屋顶和空地上实现高效的垂直农业，优化作物生长条件，减少化肥和农药的使用。

这些设计概念将自然元素与未来科技相结合，旨在创造一个可持续、高效且人与自然和谐共生的未来生活环境。

- 以"对比"和"情感"作为关键词，创造一个具有强烈情感对比的设计概念。例如，在一个艺术装置中，结合柔软的材料（如丝绸）和坚硬的材料（如金属），通过形状、质感和颜色的对比来表达人类情感的多样性和复杂性。

> 🙂
> 提示
> 　　以"对比"和"情感"作为关键词，创造一个具有强烈情感对比的设计概念。

❄ AI 回答

设计概念：一张海报

主题：对比过去与现在的情感

设计说明

背景：选择一张黑白照片作为背景，展示过去，如旧时的街道、建筑或人物。黑白照片传达出过去的情感，如怀旧、忧郁或沉静。

前景：在黑白照片上叠加一张彩色照片，展示现在，如现在的街道、建筑或人物。彩色照片传达出现在的情感，如活力、快乐或希望。

对比：将黑白照片和彩色照片放在一起，形成强烈的视觉对比，凸显过去与现在的差异。这种对比可以让观众感受到时间的流逝，以及随之而来的情感变化。

文字：在照片上添加一段简短的文字，描述过去与现在的情感对比。例如："过去的回忆，如今的色彩；那些年，我们一起走过的日子。"这段文字可以增强观众对过去与现在情感对比的理解。

字体：选择一种具有艺术感的字体，如手写体或复古字体，以强调过去的情感。对于现在的情感，可以选择一种简洁、现代化的字体，如无衬线字体。

色彩：在彩色照片中，可以使用暖色来表达温暖、快乐的情感，如红色、橙色或黄色。在黑白照片中，可以使用中性色来传达过去的情感，如灰色、黑色或白色。

组合以上设计元素，创造出一张具有强烈情感对比的海报，让观众在视觉上感受到过去与现在的情感差异。

- 以"流动"和"几何"作为关键词，创造一个流线型且具有几何结构的设计概念。例如，设计一个具有流动曲线形状的家具，使用几何纹理和色彩对比来增强视觉效果，同时该家具应具备舒适性和功能性。

> 🖥️ **提示**　以"流动"和"几何"作为关键词，创造一个流线型且具有几何结构的设计概念。

❄️ AI 回答

设计概念：流光几何韵律

设计概述

在这个设计中，"流动"与"几何"两大元素交织共生，创造出一种既动感十足又结构严谨的美学体验。灵感来源于自然界中水流的柔美曲线与现代建筑中精确的几何形态，旨在展现一种超越传统界限的未来感设计语言。

核心设计理念

1. 流动之美：将江河蜿蜒、波光粼粼的动态美感融入设计之中，通过连续、平滑的线条模拟水流，营造出一种无尽延伸、自由流动的视觉效果。

2. 几何构造：结合简单利落的几何图形，如圆形、三角形、矩形等，通过精准的排列组合，构建出稳固而富有节奏感的结构框架。这些几何图形在保持自身清晰轮廓的同时，与流动的线条完美融合，形成对比鲜明又和谐统一的整体。

设计元素解析

1. 流线型路径：设计以流线型路径作为贯穿始终的引导线索，它如同一条无形的河流，穿梭于几何图形之间，引导观众的视线，使观众感受空间的深度与广度。

2. 动态几何网格：设计采用具有可变性的几何网格，网格随流动的路径发生微妙变形，既保留了几何的理性与秩序，又引入了流动的灵活性与变化性，创造出一种动态平衡。

3. 光影互动：设计利用光影效果增强几何图形与流线型元素的互动，光线在几何图形表面折射、反射，与流线型元素交织，形成丰富的视觉层次与节奏感，营造出一种动态而和谐的视觉体验。

4. 色彩运用：设计采用冷暖色调的对比与过渡，冷色调代表几何图形的冷静与精准，暖色调象征流线型元素的温暖与活力，两者交融，营造出一种梦幻而深邃的氛围。

应用场景示例

1. 公共艺术装置：在城市广场或其他公共空间中设置一个大型艺术装置，观众可以通过移动改变装置内部光源的位置，从而看到光影在几何结构上的流动变化，体验独特的视觉互动。

2. 建筑外观设计：为摩天大楼或文化中心设计外观，将流线型的玻璃幕墙与几何切割的金属框架相结合，随着日光角度的变化，它会展现不同的光影效果与流动感。

3. 室内装饰：在室内设计中采用流线型家具与几何图案的地毯、墙纸，通过灯光设计强化空间的流动感与层次感，创造一个既现代化又舒适的居住环境。

通过"流光几何韵律"这一设计概念，我们探索了"流动"与"几何"的无限可能，将自然界的灵动之美与人类智慧的几何构造巧妙融合，创造出既富有表现力又充满未来感的设计作品。

- 以"传统"和"现代"作为关键词，设计一个融合传统和现代元素的艺术品或产品。例如，设计一个现代化的茶具系列，融合中国传统茶文化的元素，如茶壶的造型设计灵感来自传统的茶壶，但使用现代材料和工艺来实现创新的功能和美学。

提示

以"传统"和"现代"作为关键词，设计一个融合传统和现代元素的艺术品或产品。

❋ AI 回答

设计概念："时光织梦"互动艺术装置

设计理念

"时光织梦"互动艺术装置旨在将"传统"与"现代"巧妙结合，打造一个跨时空对话的平台，让观众在互动中体验到传统文化的韵味与现代科技的魅力。此装置以中国传统的丝绸织造技艺为灵感，结合现代数字技术与人工智能，创造出一种既古老又新潮的艺术体验。

设计特点

1. 形态设计

● 传统元素：装置外形借鉴古代织布机的结构，采用经典的木制框架，配以细致的雕刻装饰，保留了传统工艺的质感与美感。

● **现代创新**：装置内部嵌入 LED 屏幕，以它代替传统的织布梭子，屏幕上流动着数字化的丝线图案，模拟丝绸的细腻光泽与流动感，同时可根据观众的互动实时变化图案。

2. 互动体验

● **手势识别**：装置利用现代传感器技术，观众可以通过手势在空中"编织"图案，这些动作被转化为数字指令，即时呈现在 LED 屏幕上。

●**AI 故事生成**：装置内置的人工智能系统能够根据观众"编织"的图案，自动生成与之相匹配的故事或诗句，这些内容既有古典文学的韵味，又融合了现代文化的元素，通过扬声器轻柔向观众讲述，为互动体验增添文化内涵。

3. 材料与工艺

● **传统材质**：装置的外框及部分装饰采用天然竹木，经过精细的手工雕刻，保留了传统手工艺的质感。

● **现代科技**：LED 屏幕与高科技传感器的使用体现了现代科技的精密与创新，传统材质与现代科技的结合既对立又统一，展现出独特的美学张力。

4. 灯光与音效

用编程控制的灯光系统可以模拟从晨曦到夜幕的光线变化，配合传统乐器与电子音乐的混合音乐，营造出一种穿越时空的沉浸式体验。

应用场合

"时光织梦"互动艺术装置适用于多种场合，如博物馆、艺术展览、公共广场或高端商业空间，不仅是一件引人入胜的艺术品，也是促进文化交流与技术教育的绝佳平台，让观众在互动中感受到文化的传承与创新的力量。

通过这样的设计，我们不仅致敬了传统的丝绸文化与精湛的手工艺，同时也探索了现代科技如何为传统文化的传播与活化开辟新路径，实现了"传统"与"现代"的和谐共生。

这些示例仅为一小部分，你可基于个人需求和创意思维进一步拓展，构思出符合自己设计理念的独特想法。在构思过程中，请保持开放的心态，勇于尝试多样化的组合与新颖的想法，并从中挑选出最具创意与实用价值的元素。

13.1.2 配色方案

色彩在艺术创作和设计中扮演着关键角色。如果需要一个配色方案，你可以向 AI 模型描述需求，例如描述希望表达的情感或风格，AI 模型可以提供一些合适的色彩组合。下面的示例可以帮助你获得符合你需求的配色方案。

● 描述你希望表达的情感，例如"活力"和"热情"。AI 模型可以生成以红色、橙色和黄色为主的配色方案，这些色彩能够传达出活力、热情和生动的感觉。你可以进一步指定使用哪些具体的红色、橙色和黄色色调，以及是否需要搭配其他辅助色彩。

- 描述你希望表达的风格，例如"现代"和"极简"。AI 模型可以为你生成以中性色（如黑色、白色和灰色）为主的配色方案，这些色彩能够体现现代感和极简风格。你可以进一步指定使用哪些具体的黑色、白色和灰色色调，以及是否需要添加少量的彩色元素来提升视觉效果。

> **提示**　生成一个以中性色（如黑色、白色和灰色）为主的配色方案，这些色彩能够体现现代感和极简风格。

❋ AI 回答

一个以中性色（如黑色、白色和灰色）为主的配色方案，能够体现现代感和极简风格。以下是一个基于这些颜色的配色方案，适用于室内设计、平面设计或其他需要体现现代感、极简风格的项目。

基础色

1. 纯白色（#FFFFFF）：作为背景和基础元素的颜色，给人干净、明亮的感觉。

2. 纯黑色（#000000）：用于强调和对比，增加视觉冲击力。

3. 不同深浅的灰色

- 浅灰色（#F5F5F5）：用于辅助背景和淡入淡出的效果。
- 中等灰色（#808080）：用于次要元素，如边框、分割线等。
- 深灰色（#333333）：用于主要元素，如标题、按钮等。

辅助色

1. 炭灰色（#4F4F4F）：比深灰色稍浅，可以用于次级标题或重要信息。

2. 银灰色（#C0C0C0）：接近白色的浅灰色，适合用于图形和图标。

3. 石墨灰（#666666）：介于中等灰色和深灰色之间，适用于文字和细节。

点缀色

1. 深蓝灰色（#455A64）：作为点缀色，与暖色形成冷暖对比。

2. 暖木色（#A98B6B）：如果需要一点温暖感，可以选择这种颜色作为装饰。

使用这个配色方案时，可以遵循以下原则。

- 保持简洁的线条和形状，避免复杂的图案和装饰。
- 使用大量的空白或负空间来增强设计的开放感和通透性。
- 在排版上，选择简洁的字体，如无衬线字体，以增强现代感。
- 在视觉层次上，通过对比和重复来打造节奏感与和谐感。

这个配色方案适用于各种设计领域，无论是网站、应用程序界面、室内设计还是品牌视觉识别，都能够体现出现代、简洁和专业的感觉。

- 描述你希望表达的感觉，例如"浪漫"和"梦幻"。AI 模型可以为你生成以粉色、薄荷绿和浅紫色为主的配色方案，这些色彩能够传达出浪漫、梦幻和柔和的感觉。你可以进一步指定使用哪些具体的粉色、薄荷绿和浅紫色色调，以及是否需要添加一些中性色来平衡整体配色。

你可以根据自己的需求和风格来设计更多提示，以获得实现设计目标的独特配色方案。记得在选择配色方案时考虑色彩的情感和风格表达，以及色彩的协调性和平衡感。

13.1.3 物体造型

在追求创新性物体造型设计的过程中，你可以提供具体的描述信息，如所求物体的几何形态、材质特性、预期功能等。在此基础上，AI 模型将依据这些详细要求，生成一系列具有创意的设计方案。以下是一些示例，旨在辅助你获得富有创新性的物体造型设计建议。

- 描述你需要的物体的形状特征，例如"流线型"和"曲线优美"。AI 模型可以为你生成一些具有流线型形状和曲线优美的物体的设计建议，这些形状特征能够传达出动感、流动性和现代感。你可以进一步指定物体的大小、比例和比重，以获得更符合你需求的形状设计。
- 描述你需要的物体的质地特征，例如"光滑"和"有质感"。AI 模型可以为你生成一些具有光滑质感和丰富触感的物体的设计建议，这些质地特征能够增加触觉上的舒适感和视觉上的丰富度。你可以进一步指定物体的材料、表面处理方式和纹理效果，以获得更符合你需求的质地设计。
- 描述你需要的物体的功能特征，例如"多功能"和"便携"。AI 模型可以为你生成一些具有多功能和便携性的物体的设计建议，这些功能特征能够提升物体的实用性和适应性。你可以进一步指定物体的可操作性、收纳性和可变性，以获得更符合你需求的功能设计。

🤖 **提示**

请设计一个物体，它的主要功能特征是"多功能"和"便携"。

✳ **AI 回答**

设计一个既有多功能又便携的物体，我们可以想象一款高科技的可穿戴设备，比如一款智能多用途手环。以下是这款产品的一些设计要点和特性。

名称：智能多用途手环

1. 设计理念

（1）结合现代科技与日常工具需求。（2）以时尚手环的形式存在，融入日常生活。

2. 结构设计

（1）外壳使用轻质、耐用的材料（如航空级铝合金、碳纤维或高性能塑料）制成，确保手环的便携性和耐用性。（2）手环内嵌可展开的屏幕，用于显示信息和交互操作。（3）手环内置可充电电池和太阳能充电板，以支持长时间使用并利用可再生能源。

3. 多功能性

（1）集成支付功能：手环的 NFC（近场通信）或 RFID（射频识别）技术让手环能作为接触式支付工具。（2）健康监测：手环包含心率监测器、计步器、睡眠追踪器等生物反馈传感器。（3）紧急求助：手环的一键 SOS 功能可以发送紧急定位信号给预设联系人。（4）个人助理：手环通过蓝牙或 Wi-Fi 连接智能手机，控制虚拟助手进行日程管理、消息提醒等。（5）工具功能：手环还具备小型但实用的工具功能，如 LED 灯、指南针、微型刀锯、紧急救生哨等。

4. 便携性

（1）手环被设计为时尚配饰的形式，适合在各种场合佩戴。（2）手环尺寸小，不妨碍日常活动。（3）手环采用轻量化设计，即使长时间佩戴也不会感到不适。

5. 用户界面

（1）手环采用触控屏幕配合手势识别，提供简单直观的用户界面。（2）用户可通过智能手机应用对手环进行详细设置和数据分析。

6. 连接性

（1）无线连接：手环支持蓝牙 5.0/Wi-Fi/NFC 等多种无线技术。（2）智能同步：手环自动与用户的智能手机或云端服务同步数据。

7. 安全性

（1）手环加密存储敏感数据，保护用户隐私。（2）手环采用防水防尘设计，适应各种环境。

总之，这个智能多用途手环是一款集时尚与实用于一体的多功能便携设备，它不仅是一个日常的健康和生活助理，还能在紧急情况下提供必要的帮助和工具。通过其智能和互联的功能，它可以大大提高用户的生活效率和安全性。

这些示例仅是一小部分，你可依照个人需求与创意思维，进一步设计更多提示，以获得与你设计目标高度契合的独特物体造型。在构思物体造型时，请务必综合考虑形状、质地、功能等多方面的因素，以创造出兼具创新性与吸引力的作品。

13.1.4　故事情节

在艺术创作中，故事情节可以为作品带来更多的情感。你可以与 AI 模型分享一些故事的元素，例如主题、角色、冲突等，AI 模型可以帮助你扩充和丰富故事情节。以下是一些示例，目的在于帮助你扩充和丰富故事情节。

- 描述故事情节的主题，例如"勇气"和"成长"。AI 模型可以为你生成一些具有勇气和成长主题的故事情节，这些情节可以表现主角在面对困难和挑战时的勇气，通过成长和学习实现个人转变和突破。你可以进一步指定主角的背景、目标和成长过程中的关键事件，以获得更具体的故事情节。

提示　　　生成一些以勇气和成长为主题的故事情节。

AI 回答

以下是几个以勇气和成长为主题的故事情节。

1. 失落王国的勇士

主角：一位年轻的乡村孤儿，梦想成为英雄。

情节：当一股古老的邪恶势力威胁到他的家园时，这位孤儿踏上了寻找传说中的神器之旅，以拯救整个王国。在途中，他克服了内心的恐惧，结交了忠实的朋友，并发现了自己真正的力量。最终，他不仅拯救了王国，还成了人民心中的真正英雄。

2. 火焰中的凤凰

主角：一位拥有非凡天赋的女艺术家，但一直生活在别人的阴影下。

情节：一场突如其来的灾难摧毁了她的工作室和她的作品，她面临着重新开始的挑战。在这个逆境中，女艺术家发现了一种新的艺术表现形式，这不仅重燃了她的创造力，也让她在世界舞台上获得了认可。她的成长故事激励了许多人面对困难时不放弃希望。

3. 星空下的诺言

主角：一个梦想成为天文学家的少年，却受限于贫困的家庭环境。

情节：少年通过自学和观测星空来追求自己的梦想。当他发现一颗新星时，他需要勇气去说服怀疑他的人，并且要战胜自我怀疑。经过一系列的挑战，包括与专业天文学家的合作和公众演讲，他最终得到了科学界的认可，并获得了资助去接受更高层次的教育。

4. 海洋深处的秘密

主角：一个对海洋充满好奇的年轻女孩。

情节：在一次潜水探险中，女孩意外发现了一个隐藏在海底的古老文明。为了揭开这个秘密，她勇敢地面对深海的危险和未知生物。在这个过程中，她学会了科学研究方法，并成长为一名杰出的海洋生物学家。她的发现改变了人们对海洋生态系统的理解，她的故事证明了即使是最不可能的梦想也有可能实现。

这些故事展示了不同背景和目标的主角们如何通过勇气和坚持不懈，在面对挑战和困境时实现个人成长。

- 描述故事情节的角色特征，例如"古怪"和"独特"。AI 模型可以为你生成一些具有古怪和独特角色的故事情节，这些角色可以带来幽默元素、惊喜和别样的观点。你可以进一步指定角色的外貌特征、个性特点和与其他角色的关系，以获得更丰富多样的故事情节。

提示　　　生成一些具有古怪和独特角色的故事情节。

✳ **AI 回答**

以下是几个具有古怪和独特角色的故事情节。

1. 拥有时间旅行能力的猫

主角：一只拥有时间旅行能力的猫，名叫"时钟"。

情节：时钟被一个神秘的科学家赋予了时间旅行的能力。它不仅要阻止一个邪恶组织改变历史，还要找到回到主人身边的路。在这个过程中，时钟结识了各个时代的奇特生物，并利用它的智慧和机智解决了复杂的问题。最终，时钟不仅成功阻止了邪恶组织改变历史，也与主人重逢，并成了传说中的英雄猫。

2. 会说话的植物

主角：一位年轻的植物学家，发现自己能听懂植物的语言。

情节：这位植物学家在研究中发现，一种稀有的花卉让他能够与植物交流。他很快被卷入了一个隐藏的世界，那里的植物拥有自己的社会和情感生活。为了使这个小镇免受开发项目的威胁，他必须与这些古怪但可爱的植物居民合作，揭示他们的秘密，并为他们的未来而战。

3. 黑暗中的侦探

主角：一位专门追踪和抓捕影子罪犯的侦探。

情节：在一个由光明和黑暗两个对立面组成的城市中，存在着一群只在黑暗中行动的影子罪犯。这位侦探拥有独特的能力，能在完全黑暗的环境中看见事物，并揭露影子罪犯的阴谋。随着调查的深入，侦探发现这场犯罪浪潮背后隐藏着更大的秘密，甚至涉及城市的存亡。

4. 太空探险家与他的机器人伙伴

主角：一名孤独的太空探险家和他的机器人伙伴，后者有着人类的个性和情感。

情节：这对搭档在遥远的星系中寻找失落的文明遗迹。途中，他们遇到了从其他维度来的生命形式、被困在时间循环中的行星，以及需要用音乐唤醒的古老机器。他们的冒险之旅既充满危险，也充满奇遇，证明了即使是看似不可能的友谊也能超越星际的距离。

这些故事中的角色都具有古怪和独特的特质和能力，使对应的故事情节充满想象力和创造力，带领读者进入一个充满奇幻色彩的世界。

- 描述故事情节的冲突和起伏，例如"人际关系冲突"和"意外事件"。AI 模型可以为你生成一些具有人际关系冲突和意外事件的故事情节，这些冲突和起伏可以为故事增添戏剧性和情感张力。你可以进一步指定冲突的原因、关键事件的影响和角色之间的互动，以获得更引人入胜的故事情节。

这些示例只是一小部分，你可以根据自己的需求和想法来设计更多提示，以创造出丰富有趣的故事情节。记得在设计故事情节时考虑主题的阐述、角色的发展和冲突的高潮，以创作出引人入胜的故事。

13.2 游戏开发中的提示技巧

游戏开发是一个融合技术、设计和创意的跨学科领域。本节将探讨如何运用创新的提示技巧来开发令人难忘的游戏。无论你是游戏开发者、设计师还是对游戏设计感兴趣的人，这些提示技巧都将帮助你打造独特且引人入胜的游戏体验。

13.2.1 游戏设计

如果需要一些新的游戏设计想法，你可以向 AI 模型提供一些关键元素，例如游戏类型、游戏机制、目标等。下面的示例可以帮助你获得创新的游戏设计想法。

- 描述你需要的游戏类型，例如"解谜游戏"和"角色扮演游戏"。AI 模型可以为你生成一些具有解谜和角色扮演元素的游戏设计想法，这些设计想法可以包括独特的谜题和挑战，以及引人入胜的角色发展和剧情。你可以进一步指定游戏的难度、谜题的类型和角色的成长系统，以获得更具体的游戏设计想法。

> **提示**　生成一些有解谜和角色扮演元素的游戏设计想法。

✳ AI 回答

结合解谜和角色扮演元素的游戏设计可以创造一些富有创意和挑战性的游戏体验。以下是一些游戏设计想法。

1. 神秘的古代遗迹：游戏设定在一处充满神秘的古代遗迹中，玩家扮演一位探险家或考古学家，需要解开遗迹中隐藏的谜题和机关，同时揭示遗迹背后的秘密。玩家可以与其他角色互动，收集线索，解锁新的区域，并在旅程中发展自己的角色。

2. 幻想世界中的魔法学校：游戏设定在一所充满魔法和奇幻色彩的魔法学校里。玩家扮演一位新生学员，需要参加各种课程、完成任务和解决谜题，以提升自己的魔法技能。在学校中，玩家可以结识各种不同的角色，如老师、同学和魔法生物，他们会影响玩家的决策和发展。

3. 时间旅行冒险：游戏设定在一个允许玩家进行时间旅行冒险的科幻世界中。玩家扮演一位时间旅行者，需要穿梭于不同的时空，解开历史中的谜团和秘密。在旅程中，玩家将遇到各种历史人物和事件，需要做出决策以影响未来的发展，并解决跨越时空的谜题。

4. 失联的宇宙飞船：游戏设定在一艘失联的宇宙飞船上，玩家扮演一位幸存者，需要在船上寻找逃生的方法。船上充满了各种危险和谜题，玩家需要收集资源、修复设备，并与其他幸存者或敌人展开互动。通过解谜和角色扮演，玩家将逐渐揭开宇宙飞船失联背后的真相。

5.奇幻城市的调查：游戏设定在一个充满奇幻生物和魔法的城市中，玩家扮演一位私人侦探，需要调查城市中的各种案件，解开谜团。玩家可以与各种不同的角色互动，收集线索、分析证据，并在城市中展开调查。通过解谜和冒险，玩家将逐渐揭开城市背后的黑暗秘密。

这些游戏设计想法将解谜和角色扮演元素巧妙地结合在一起，为玩家提供了丰富多彩、充满挑战和惊喜的游戏体验。通过探索游戏世界、与角色互动和解开谜团，玩家将体验到全新的冒险和探索乐趣。

- 描述你需要的游戏机制，例如"物理模拟"和"实时策略"。AI 模型可以为你生成一些具有物理模拟和实时策略机制的游戏设计想法，这些机制可以创造出真实的物理互动。你还可以进一步明确游戏的操作模式、战略元素以及物理效果，以此提炼出更富有个性的游戏设计想法。

提示　　生成一些具有物理模拟和实时策略机制的游戏设计想法。

✳ AI 回答

1.游戏名称：《桥梁工程师：战术建造》

设计概念：结合物理模拟和实时策略机制，玩家扮演一名桥梁工程师，负责设计和建造桥梁。玩家需要考虑到车辆的重量、风力、地形等多种物理因素来确保桥梁的稳定性。同时，玩家需实时管理资源和工人，以在限定时间内完成桥梁建设任务。

2.游戏名称：《天空之城：浮岛争锋》

设计概念：玩家需要构建和管理一个飘浮在空中的城市，确保城市中的居民安全和幸福。玩家利用物理模拟来决定城市中建筑物的布局和结构稳定性，同时采用实时策略机制来调配资源、处理天气灾害和防御敌对飞行岛屿的袭击。

3.游戏名称：《能源指挥官：动力核心》

设计概念：玩家作为一名能源指挥官，要建立和维护能源生产设施。游戏具有精细的物理模拟系统，玩家需要解决能源转换和传输中的问题，同时采取策略管理工人、应对环境变化和满足不断变化的能源需求。

4.游戏名称：《重力领域：空间支配者》

设计概念：在这款游戏中，玩家控制一块可以改变重力方向的区域。玩家使用物理模拟来决定如何操纵物体和敌人在战场上的移动方向。同时，玩家需要制定自己的防御和进攻策略，以在宇宙竞技场中生存。

5.游戏名称：《铁路帝国：物流网络》

设计概念：玩家负责建立一个庞大的铁路物流网络系统，连接城市、工厂和资源点。玩家利用物理引擎来计算列车在不同地形上的速度和牵引力，同时采用策略规划线路以提高效率、应对经济波动和竞争对手的挑战。

每个游戏设计想法都强调对物理规则的理解和应用，以及快节奏的策略运用，为玩家提供既有深度又有趣味的游戏体验。

- 描述你希望达到的游戏目标，例如"合作"和"竞争"。AI模型可以为你生成一些具有合作和竞争性目标的游戏设计想法，这些目标可以促成玩家之间的协作或竞争，增加游戏的社交互动和挑战性。你可以进一步指定游戏的多人模式、目标的设定和奖励机制，以获得更丰富多样的游戏设计想法。

> 🤖 提示
>
> 生成一些具有合作和竞争性目标的游戏设计想法。

❋ AI 回答

1. 游戏名称：《星际联盟：边界纷争》

设计概念：在这个太空探索游戏中，玩家被分为不同的派系，每个派系都旨在扩张自己的领土并争夺资源。玩家需要与同派系的其他玩家合作以增强经济和军事力量，同时与其他派系的玩家竞争以控制领土和关键资源点。

2. 游戏名称：《末日逃生：生存者的选择》

设计概念：在这款末日主题的游戏中，玩家需要收集资源、建立庇护所并与敌人战斗。玩家可以选择与其他玩家合作，共享资源和信息，也可以为了有限的资源而相互竞争。最终目标是找到逃离区域的方法，但只有一个玩家可以逃脱。

3. 游戏名称：《城堡冲突：荣耀之争》

设计概念：玩家建造和加固自己的中世纪城堡，同时组建军队去攻打其他玩家的城堡。玩家之间可以结成联盟共同对抗强敌，但在联盟内部也存在竞争，因为每个玩家都试图成为联盟的领导者并获得更多的战利品。

4. 游戏名称：《荒野探险家：寻宝之旅》

设计概念：玩家组成探险队伍进入未知的荒野寻找古代遗迹和宝藏。玩家必须互相协助，克服障碍和解开谜题。然而，当发现宝藏时，团队成员可能会面临是团结分享还是采取背叛行为的矛盾。

5. 游戏名称：《都市建设者：高楼大厦》

设计概念：玩家在一片开放地域中建立自己的城市，包括住宅区、商业区和工业区。玩家可以与其他玩家合作，交换资源和劳动力，但同时要与其他玩家在房地产市场上竞争，吸引居民和企业进驻自己的城市，争取成为城市建设的佼佼者。

这些游戏设计想法强调了在合作与竞争中寻求平衡的重要性，玩家不仅要在团队内部保持良好的合作关系，还要在与其他团队或玩家的竞争中展现战略思维和应变能力。

以上示例仅为一小部分，在实际应用中，你可以根据自己的创意和实际需求，进一步拓展和设计更多个性化的提示，以激发你在游戏设计过程中的创新思维。在构思游戏时，请务必全面考虑游戏类型、机制与目标之间的协调与融合，为玩家带来既引人入胜又充满挑战性的精彩游戏体验。

13.2.2　角色和能力设计

游戏中的角色和能力是游戏体验的重要部分。你可以向 AI 模型描述你想要的角色类型、特征和能力，AI 模型可以帮助你生成一些合适的角色和能力设计想法。下面的示例可以帮助你生成合适的角色和能力设计想法。

- 描述你想要的角色类型，例如"战士"和"魔法师"。AI 模型可以为你生成一些具有战士和魔法师特征的角色设计想法，这些角色可以拥有不同的战斗风格和技能。你可以进一步指定角色的外貌特征、背景故事和个性特点，以获得更具体的角色设计想法。

提示

生成一些具有战士和魔法师特征的角色设计想法。

AI 回答

当设计战士和魔法师角色时，可以考虑以下建议。

1. 战士特征
- 身材强壮，肌肉发达，展现出强大的力量。
- 擅长近战，可能使用各种武器，如剑、盾牌、战斧等。
- 坚韧不拔，勇敢无畏，愿意冲锋在前，保护领袖和队友。
- 具有高超的战斗技巧和强大的战略思维，能够迅速应对不同的战斗场景和敌人。

2. 魔法师特征
- 身材可能较为瘦弱，但眼睛炯炯有神，散发出智慧和神秘感。
- 擅长使用魔法，能够召唤元素力量、施展咒语和进行法术攻击。
- 知识渊博，对魔法和奥秘的理解深入，可以在古老的魔法书和禁忌之术中寻找力量。
- 通常作为队伍的智囊，提供战略建议和魔法支持，但在紧急情况下也能展现出强大的战斗力量。

3. 战士角色设计建议
- 战士可以是一位受过严格训练的士兵，服役于王国的军队，对忠诚和勇气有着深刻的理解。
- 战士也可以是一位来自边境的游侠，擅长野外生存和独自作战，对自由和荣誉有着强烈的追求。

4. 魔法师角色设计建议
- 魔法师可以是一位来自魔法学院的学者，对魔法充满好奇和热情，追求知识和力量的完美融合。

● 魔法师也可以是一位孤独的魔法师，隐居于荒凉之地，对世俗的纷扰保持着冷漠和超然的态度，但在关键时刻仍会挺身而出，施展强大的魔法。

这些角色设计建议可以作为创作角色时的参考，帮助你塑造出鲜活、丰富的战士和魔法师角色，让他们在游戏中展现出独特的个性和魅力。

- 描述你希望角色拥有的特殊能力，例如"隐形"和"火球术"。AI 模型可以为你生成一些具有隐形和火球术等特殊能力的角色能力设计想法，这些能力可以为游戏增添战略和多样性。你可以进一步指定能力的使用方式、效果和限制，以获得更有趣的角色能力设计想法。
- 描述你希望角色之间的相互配合或对立关系，例如"治疗者"和"破坏者"。AI 模型可以为你生成一些治疗者和破坏者角色之间互动的设计想法，这些角色之间的相互作用可以增强团队合作或竞争。你可以进一步指定角色之间的配合策略、技能互动和协作能力，以获得更具挑战性和丰富度的角色设计想法。

以上示例仅为一小部分，在实际应用中，你可以根据自己的需求和想法来设计更多提示，以获得符合游戏设计目标的角色和能力设计想法。记得在设计角色和能力时考虑类型特征、互动关系和平衡性，以打造丰富多样的游戏体验。

13.2.3　关卡设计

游戏中的关卡设计需要考虑到挑战性和趣味性。你可以向 AI 模型提供一些关卡的限制和目标，AI 模型可以提供一些关卡布局、敌人配置和互动元素的建议。下面的示例可以帮助你生成具有挑战性和趣味性的关卡设计想法。

- 描述你希望设置的关卡限制和目标，例如"时间限制"和"收集物品"。AI 模型可以为你生成一些具有时间限制和收集物品目标的关卡设计建议，这些建议可以包括关卡的布局、障碍物配置和物品位置。你可以进一步指定关卡的难度、收集物品的重要性和目标的达成条件，以获得更具挑战性和满足感的关卡设计建议。

> **提示**　生成一些具有时间限制和收集物品目标的关卡设计建议，包括关卡的布局、障碍物配置和物品位置。

❋ AI 回答

1. 关卡名称：沙漠遗迹的奥秘

布局：这个关卡设置在一个广阔的沙漠中，玩家需要穿越不稳定的沙丘、废弃的神庙和隐蔽的地下通道。

障碍物配置：遍布陷阱的古老神庙，如滚石和沙坑。沙尘暴会暂时阻挡玩家的视野。

物品位置：物品藏在一个难以到达的地下密室中，玩家需解开一系列谜题才能进入密室。

时间限制：玩家在夜晚来临前必须完成挑战，否则夜间会出现更强的敌人，使闯关难度大增。

2. 关卡名称：逃离沉没仓库

布局：关卡设置在一个即将沉入海底的巨大仓库内，有多个层级和走廊。

障碍物配置：水位正在不断上涨，部分区域已经无法通行；货物堆栈可能倒塌，阻碍通行。

物品位置：物品放置在最高层的一个锁定货柜内，玩家需要找到钥匙并避开坍塌的危险。

时间限制：水位上升速度快，玩家在规定时间内未逃离将会溺水。

3. 关卡名称：快速列车上的决战

布局：玩家在一列高速行驶的列车上进行潜行和战斗。

障碍物配置：警卫巡逻、闭路电视监控以及偶尔发生的列车震动或紧急制动。

物品位置：物品位于车头的秘密隔间中，玩家需要躲避或制服警卫来获取。

时间限制：列车即将抵达终点站，玩家必须在到站前完成任务。

4. 关卡名称：雪崩逼近的山峰

布局：关卡设置在冰封山脉的陡峭小路与洞窟中，玩家需要在险峻环境中保持平衡。

障碍物配置：不稳定的雪桥、冰块落石以及随时可能发生的雪崩。

物品位置：物品藏于最高峰的一个几乎不可接近的裂缝中，玩家需要利用特殊装备如冰爪才能攀登山峰。

时间限制：随着雪崩的临近，玩家必须赶在被埋葬之前拿到物品并撤离。

5. 关卡名称：都市天台的追逐

布局：玩家在一座繁华都市的天台和楼顶之间穿梭，跳跃与摆荡。

障碍物配置：高楼间的风力涡轮机、空调设备和卫星天线等。

物品位置：物品悬挂在城市天际线上的一个广告牌后面，玩家需要通过一系列跳跃和摆动才能取得。

时间限制：随着夜幕降临和安保系统的启动，玩家必须在规定时间内完成挑战。

这些关卡设计建议强调了时间管理和快速反应的重要性，同时要求玩家在紧迫的时间内制定战略，克服各种障碍以达成收集物品的目标。

- 描述你希望在关卡中出现的敌人和挑战，例如"追踪型敌人"和"复杂的谜题"。AI 模型可以为你生成一些具有追踪型敌人和复杂谜题挑战的关卡设计建议，这些建议可以包括敌人的行为模式、谜题的解决方法和互动元素。你可以进一步指定敌人的强度、谜题的难度和互动元素的效果，以获得更有趣和具有深度的关卡设计建议。

- 描述你希望关卡具有的互动元素和特殊效果，例如"可破坏的环境"和"重力变化"。AI模型可以为你生成一些具有可破坏环境和重力变化等互动元素的关卡设计建议，这些建议可以增加游戏的物理互动和环境变化。你可以进一步指定互动元素的影响范围、效果持续时间和特殊效果的设计，以获得更具趣味性和惊喜性的关卡设计建议。

你可以根据自己的需求和想法来设计更多提示，以获得符合游戏设计目标的关卡设计建议。请记得考虑关卡的挑战性、平衡性和流畅性，以为玩家提供令人满足和有趣的游戏体验。

13.2.4　游戏故事设计

如果你需要一个引人入胜的游戏故事，你可以与AI模型分享一些故事的背景、角色和情节，AI模型可以为你生成一个有趣和吸引人的游戏故事。下面的示例可以帮助你生成引人入胜的游戏故事想法。

- 提供故事的背景和世界观。描述你希望故事发生的背景，例如"未来科技世界"或"奇幻魔法王国"。AI模型可以根据这些描述生成一个背景，包括环境、文化和历史等元素。你可以进一步指定背景中的特殊事件、冲突或问题，以为故事提供起点或挑战。

提示

设计一个以"未来科技世界"为背景的游戏，其中需要详细描述环境、文化和历史等元素。

✹ AI 回答

游戏名称：《未来启示录》

背景设定： 在遥远的未来，科技已经发展到了一个全新的高度。人类已经成功地解决了环境问题，实现了可持续发展。地球的大气层得到了修复，污染得到了控制，自然资源得到了合理利用。人们开始探索宇宙，寻找其他适合居住的星球。

环境描述： 游戏的背景设定为一个充满科幻色彩的未来世界。在这个世界中，高楼大厦林立，飞行汽车在空中穿梭，机器人和人工智能成了人们生活的必需品。然而，在这个高科技的世界里，人们并没有忘记对自然环境的保护。城市中到处都能看到绿树成荫的公园和广场，清新的空气和蓝天白云成了人们日常生活的一部分。

文化描述： 在这个未来的世界中，人类的文化也发生了巨大的变革。教育普及，人们不再为了生存而忙碌，而是追求更高的精神境界。艺术、科学、哲学等领域得到了空前的发展，人类的精神世界变得更加丰富多彩。人们开始重视心灵的成长，追求内心的平静与和谐。

历史描述： 在历史的长河中，这个世界经历过无数的挑战和困境。在过去的岁月里，人类因为贪婪、无知和战争而遭受了巨大的痛苦。然而，正是这些挑战促使人类不断地进步，最终实现了科技的突破和文化的繁荣。

　　游戏玩法：《未来启示录》是一款以未来科技世界为背景的角色扮演游戏。玩家将扮演一个生活在这个世界中的普通人，通过完成各种任务和挑战来提升自己的能力。游戏中有丰富的剧情和支线任务，玩家可以自由探索这个世界的每一个角落。同时，游戏中还有多种职业供玩家选择，包括科学家、艺术家、哲学家等。每个职业都有独特的技能和特点，玩家可以根据自己的兴趣和爱好来选择职业。

　　总结：《未来启示录》是一款充满想象力和创意的游戏。它以未来科技世界为背景，为玩家展现了一个充满无限可能的世界。在这个游戏中，玩家可以自由地探索这个世界的每一个角落，体验不同职业带来的快乐和挑战。同时，游戏中还有丰富的文化内涵和历史故事，让玩家在娱乐的同时也能够感受到人类文明的进步和发展。

- 描述主要角色。描述故事中的主要角色，包括他们的背景、动机和目标。AI 模型可以为你生成一些与主角相关的角色设计和背景故事想法，以为故事提供多维度的角色发展。你可以进一步指定主角的个人特质、成长或转变，以构建引人入胜的角色剧情。
- 提供故事情节和冲突。描述你希望故事中出现的情节和冲突，例如"寻找失落的宝藏"或"对抗邪恶势力"。AI 模型可以为你生成一些有趣和令人期待的故事情节，包括任务、挑战和反转等元素。你可以进一步指定情节的发展、敌对势力的动机和障碍的解决方式，以创造一个引人入胜的游戏故事。

　　这些示例只是一小部分，你可以根据自己的需求和想法来设计更多提示，以创作符合游戏设计目标的游戏故事。

13.3　商业应用中的提示技巧

　　商业领域中的创新应用是推动企业成功的关键所在。本节将探讨如何运用创新的提示技巧在商业环境中取得竞争优势。无论你是企业家、营销专家还是其他对商业领域感兴趣的人，这些提示技巧将帮助你探索新的商业机会，创建有影响力的品牌。

13.3.1　市场研究

　　在进行市场研究时，你可以利用提示来深入剖析不同的市场动向、潜在消费者群体及竞争对手。你只需提供相关的关键词或问题，AI 模型将协助你搜集并整理出相关信息和观点。下面的示例可以协助你有效地进行市场研究并获取富有洞察力的见解。

- 探索市场趋势。请 AI 模型提供当前市场的关键趋势和变化，你可以提供相关的行业关键词或问题，例如"智能家居市场趋势"或"电动汽车行业创新"。AI 模型可以提供相关的市场资料、技术发展和消费者行为等方面的见解，帮助你了解市场的动态和未来的发展趋势。

> 🤖 **提示**　请提供智能家居市场的趋势和变化，包括相关的市场资料、技术发展和消费者行为与需求等方面的信息。

❄ AI 回答

1. 市场趋势与容量

（1）快速增长：智能家居市场持续以较高的年增长率扩张，中国等地的市场尤为显著。这反映了全球范围内智能家居解决方案需求的激增。

（2）技术融合：物联网、人工智能、云计算、大数据等技术的融合，正在推动智能家居产品的智能化水平不断升级，提升消费者体验。

（3）市场细分化：随着消费者需求多样化，智能家居市场出现更多细分领域，如智能安防、智能照明、智能温控、智能厨房等，每个细分领域都有针对性的产品和服务。

2. 技术发展

（1）语音助手与人工智能集成：语音助手和人工智能的集成成为智能家居控制的核心，使消费者能通过自然语言指令控制家庭设备，提升便利性。

（2）边缘计算：为了提高响应速度，加强隐私保护，边缘计算技术开始应用于智能家居系统，使智能家居系统减少对云技术的依赖，实现更高效的数据处理。

（3）总线技术和无线通信技术：虽然总线技术在某些应用场景中依然重要，但无线通信技术（如 Wi-Fi、蓝牙、ZigBee）因其灵活性和易安装性，正成为连接智能家居设备的主要方式。

（4）能源管理和可持续性：随着消费者环保意识的提升，智能家居系统越来越注重能源管理，通过智能监控和自动调节来减少能耗。

3. 消费者行为与需求

（1）需求个性化：消费者更加追求个性化和定制化的智能家居解决方案，以满足特定的生活习惯和偏好。

（2）安全与隐私关注：随着智能家居设备的普及，消费者对数据安全和隐私保护的关注度日益增加，促使厂商加强安全措施。

（3）健康生活：消费者对健康监测和改善室内空气质量的智能家居产品兴趣增加，如智能空气净化器、健康监测系统等。

（4）易用性和兼容性：消费者倾向于选择易于安装、配置且能够与其他设备连接的智能家居产品，跨平台兼容性成为重要考量。

综上所述，智能家居市场正处于快速发展的阶段，技术革新、消费者偏好的变化以及对更高质量生活的追求，共同推动着这一市场的演化。企业需持续关注技术趋势，理解并满足消费者不断变化的需求，以在竞争激烈的市场中保持领先地位。

- 确定目标消费者群体。描述你的产品或服务，并提供一些关键词或描述来定义目标消费者群体，例如"年轻专业人士"或"家庭主妇"。AI 模型可以提供相关的消费者洞察、行为模式和需求特点，帮助你更好地了解目标消费者群体的特征和喜好，以制定有针对性的市场策略。
- 竞争分析。提供你所关注的竞争对手或行业领先者的名称或关键词，AI 模型可以帮助你进行竞争分析，提供相关的竞争对手情报、市场占有率和产品优势等方面的信息。你可以进一步指定你想要了解的竞争者的特定产品、营销策略或消费者口碑，以获得有关竞争环境和竞争策略的信息。

这些示例可以帮助你进行市场研究并获得有价值的信息。请根据你的具体需求和研究目标，调整提示，以获得更具体和深入的市场洞察。记得综合各种信息来源，并将市场研究结果应用于策略制定和业务发展。

13.3.2　产品开发

当进行产品开发时，你可以通过 AI 模型获取产品功能、外观设计和用户体验的有关建议。描述你的产品理念和目标，AI 模型可以提供一些创新和实用的建议。下面的示例可以帮助你进行产品开发并获得有价值的建议。

- 描述产品理念和目标。请提供清晰而具体的产品理念和目标。例如，你可以描述你的产品是一款智能家居装置，目的在于提供便利的生活体验。请说明你期望产品具备的主要功能、用途和价值，以便 AI 模型提供相关的建议。
- 提供产品功能需求。描述你希望产品具备的功能和特点。你可以列举一些关键功能，或描述你希望解决的特定问题。例如，你可以说明你的产品需要具备实时通信、智能语音控制和节能模式等功能。AI 模型可以提供一些创新和实用的功能建议，以满足你的需求。

提示　我正在开发一款产品，它需要具备实时通信、智能语音控制和节能模式等功能，请提供一些创新和实用的功能建议。

AI 回答

当然！以下是一些创新和实用的功能建议。

1. 情景模式自动切换：产品基于用户的日常行为和环境条件，自动切换到不同的情景模式，如工作模式、休息模式、运动模式等，以提供更加个性化和智能化的体验。

2. 情感识别与反馈：产品通过语音和文本分析技术，识别用户的情感状态，并有针对性地提供相应的反馈和建议，如安慰、鼓励或调整产品的亮度、音量等。

3. 个性化语音助手：产品允许用户根据自己的喜好和需求定制语音助手的外观、声音和性格，这将使用户与产品之间建立更加亲密的关系。

4. 环境感知节能模式：产品通过感知周围环境的温度、光线等因素，智能调整产品的功耗和性能，以实现节能和环保的目的。

5. 实时翻译与通信：产品具备实时语音翻译功能，使用户可以与不同语言背景的人进行流畅的交流，这拓展了产品的实际应用场景。

6. 身份识别与个性化设置：产品通过面部识别或声纹识别等技术，识别不同用户并自动加载其个性化设置，提供定制化的体验。

7. 实时语音转文字记录：产品将实时通信的语音内容转换为文字记录，方便用户回顾和整理重要信息，提高工作和生活效率。

8. 多设备同步与控制：产品支持多设备间的同步和控制，让用户可以通过一个界面统一管理和控制家中的智能设备，提升用户体验和便利性。

希望这些建议能对你的产品开发有所启发！

- 描述产品外观和用户体验。描述你对产品外观设计和用户体验的期望。你可以提供一些关键词，例如"现代、简约"或"直观、易用"。AI 模型可以提供一些与你的产品理念和目标相符的外观设计建议，以及改善用户体验的建议。

以上的示例可作为你进行产品开发的参考。请你根据自身的具体需求及产品目标，对这些建议进行个性化的调整与深化，以获取更为贴切和实用的指导。同时，请务必将 AI 模型生成的建议与你的实际产品开发流程以及市场需求相结合，进行全面的考量与优化。

13.3.3 营销策略

在制定营销策略时，使用 AI 模型能够有效地激发创意，帮助你构思出引人注目的广告标语、文案以及推广活动方案。为了打造符合品牌定位的营销方案，你需提供目标用户群体的特征、品牌的核心价值以及市场营销的具体目标。下面的示例可以帮助你制定具有吸引力的营销策略。

- 描述目标用户。请提供你的产品的目标用户的相关信息。例如，你的产品可能针对年轻专业人士、家庭主妇或科技爱好者等。请描述他们的特征、需求和价值观，以便 AI 模型生成针对他们的营销策略。

> **提示**
>
> 产品特征：一款能帮助用户快速记忆大量外语单词的在线软件。
>
> 目标用户：希望迅速掌握大量外语单词，且具有出国留学或职场外语需求的人群。
>
> 请制定一套全面的营销策略，包括吸引人的营销口号、有说服力的广告文案以及创新的推广活动计划。

❋ **AI 回答**

营销口号："言出必'词'，让世界听见你的声音——快忆单词通"
广告文案

在这个全球化加速的时代，语言是通往世界舞台的金钥匙。快忆单词通，专为梦想跨越国界的你设计——无论是留学深造的征途，还是职场国际化的挑战，我们都是你坚强的后盾。

【从零到开始，轻松掌握】不再畏惧海量单词，快忆单词通采用科学记忆算法，个性化定制学习路径，让你的学习效率翻倍，单词记得快、记得牢。

【趣味学不停】我们相信，学习也可以是一种乐趣。互动游戏、情景模拟、趣味测试等多种形式让枯燥的单词记忆变得生动有趣，让每一天的进步都充满惊喜。

【精准出击】快忆单词通依据你的学习目标（如托福、雅思、商务英语等），量身打造课程内容，确保你学到的每一个单词都能在实际场景中派上用场。

【随时随地，自由学习】无论是在咖啡馆的小憩时光，还是在通勤路上，快忆单词通的在线平台和移动端应用让你的学习不再受时间和地点的限制。

【见证成长，成就非凡】实时进度追踪、成就徽章奖励系统让你清晰看到自己的进步轨迹，每一步都充满成就感，激发你的学习潜能。

创新的推广活动计划

1. 外语词汇挑战赛：在线举办面向全国的外语词汇挑战赛，设置丰厚奖学金及国际交流机会作为奖励，吸引更多目标用户参与，同时利用社交媒体直播增加曝光度。

2. 与知名人士合作：与教育、留学、职场发展领域的知名人士合作，分享他们使用快忆单词通的真实体验，通过故事化内容展现产品的效果与价值。

3. 校园大使计划：在各大高校招募校园大使，组织线下体验活动和学习分享会，利用口碑传播提升品牌影响力，同时提供优惠券或免费试用机会给学生群体。

4. 企业合作：与跨国企业、语言培训机构建立合作关系，为员工提供专属培训计划，增强职场竞争力，同时拓展 B 端市场。

5. 免费体验周：定期举办免费体验周活动，邀请新用户无门槛体验全部功能，通过实际效果将新用户转化为付费用户，并收集反馈持续优化产品。

6. 社交媒体互动：在微博、抖音、哔哩哔哩等平台发起"快忆单词挑战"话题，鼓励用户分享自己的学习成果和心得，利用 UGC（用户生成内容）提升品牌活跃度和用户黏性。

通过这一系列综合营销策略，快忆单词通不仅能够有效触达目标用户，还能够建立起积极的品牌形象，成为外语学习者信赖的选择。

- 提供品牌价值观。描述你的品牌价值观和核心诉求。你可以提供一些关键词，例如"创新、可靠性"或"环保、社会责任"。AI 模型可以基于这些价值观生成相应的营销策略，以突出你的品牌特点。

- 说明营销目标。请具体说明你希望实现的营销目标。例如，你可能希望提高品牌知名度、增加销售量或扩大目标市场份额。请提供具体的数字，以便 AI

模型生成相应的营销策略。

- 讨论推广活动。描述你希望采用的推广活动类型和方式。你可以提供一些关键词，例如"社交媒体宣传、合作活动"或"促销折扣、赠品"。AI 模型可以基于这些信息生成相应的推广活动建议，以吸引目标用户的注意。

参考这些示例，AI 模型能够生成既新颖又引人入胜的营销策略。但需明确，这些策略仅为初始构思，尚需结合实际情况和市场需求进行深入剖析和精准完善。同时，建议你在利用个人营销智慧和实践经验的基础上，对 AI 模型提出的建议进行适度的调整和优化，以确保最终生成的营销策略能够精准契合品牌形象和目标用户群体的实际需求。

13.4 职场商务应用的提示技巧

职场中的商务应用对推动组织发展及促进个人成长具有至关重要的作用。本节将借助具体案例，探讨如何在职场环境中运用创新的提示技巧解决难题、提高工作效率并培育创造力。

13.4.1 项目管理

在进行项目管理时，你可以使用 AI 模型来获得有关项目计划、任务分配和进度控制的建议。描述你的项目需求和目标，AI 模型可以提供一些项目管理的最佳实践和策略。下面的示例可以帮助你进行项目管理。

- 描述项目需求和目标。提供有关你的项目的背景信息，包括项目的目标、范围和时间限制等。描述你希望取得的具体成果和预期效益，AI 模型可以提供相应的项目管理建议。
- 讨论项目计划。请描述你的项目计划中的关键要素，例如项目阶段、里程碑、任务和交付物等。提供任务的描述、时程和相关的依赖关系，AI 模型可以提供一些项目计划的最佳实践和排程建议。
- 说明任务分配。描述你希望如何分配任务给团队成员或利益相关者。提供关于任务的详细描述、所需的技能和资源，AI 模型可以提供一些任务分配和团队协作的建议，以确保项目顺利进行。
- 提及进度控制。讨论你对项目进度监控和控制的期望。描述你希望使用的进度追踪方法、报告频率和相应的控制措施，AI 模型可以提供一些项目进度控制的建议和工具，以帮助你实现项目的及时交付。

参考这些示例，AI 模型可以提供项目管理的最佳实践、策略和工具。然而，项目管理是一个复杂的过程，需要综合考虑多个因素，包括团队组成、风险管理和沟通等。因此，AI 模型生成的建议仅作为参考，AIGC 提示工程师应结合自己的项目管理知识和经验，对生成的建议进行适度的修改和选择，以确保最终的项目管理策略能够达到预期的目标。

13.4.2　决策支持

在面临重要决策时，你可以使用 AI 模型来获得相关的信息、观点和建议。描述你的决策背景和考虑因素，AI 模型可以帮助你思考不同的选择及其后果。在面临重要决策时，你可以参考以下示例来获得决策支持。

- 描述决策背景和目标。提供有关你所面临的决策情境的详细描述，包括决策的目标、相关因素和约束条件。请描述你所追求的结果或期望的结果，AI 模型可以提供相应的信息和建议。
- 询问观点和见解。描述你希望获得的观点和见解。这可以包括不同利益相关者的意见、专家的建议或行业趋势的分析等。AI 模型可以为你提供相关的观点和见解，以帮助你更全面地理解决策问题。
- 提供关键考虑因素。列出你在做决策时要考虑的重要因素，例如成本、风险、时间限制或市场趋势等。AI 模型可以帮助你评估不同选择在这些因素下的优势、劣势，以及它们可能产生的影响和后果。
- 进行选择和后果评估。描述你面临的各个选择和相应的后果。AI 模型可以帮助你评估各个选择的优缺点，以及可能带来的影响和结果。这可以帮助你更好地理解各个选择的风险和潜在利益，从而做出更明智的决策。

需要注意的是，做决策是一个复杂的过程，你需要综合考虑多个因素，包括个人偏好、风险承受能力和具体情境等。因此，AI 模型生成的建议仅供参考，你需要根据自己的判断和专业知识进一步评估和做出决策。同时，结合生成的建议和自身的判断能力，考虑不同选项的风险和回报，以做出更好的决策。

13.4.3　展示和演讲

当你准备进行一场展示或演讲时，利用 AI 模型来获取内容框架、观点阐述和幻灯片设计的建议将是非常有益的。明确主题和预期的目标听众，这样 AI 模型就能为你提供更具针对性和吸引力的内容建议。以下是你在准备展示或演讲时可以参考的示例。

- 描述主题和目标听众。提供主题的相关背景和关键要点，以及你希望触达的目标听众，这有助于 AI 模型了解你的需求并提供相应的内容建议。
- 描述内容纲要。请描述你希望展示或演讲的内容纲要。例如，你可以提供主要章节或重要段落的标题，以及它们之间的逻辑顺序和转换方式。这样 AI 模型可以帮助你生成相关的内容，使整个展示或演讲有清晰的框架。

提示

演讲主题：未来科技与人类生活——AI、物联网与可持续发展的交响曲

请协助我设计一个详细的、大约 1 小时的演讲纲要，我希望深入讨论 AI 如何与物联网相结合，以及这些技术如何助力我们实现可持续发展的目标。请确保这个演讲纲要包含所有必要的细节和关键点，以便我能够有效地传达我的想法和观点。

❋ AI 回答

演讲主题：未来科技与人类生活——AI、物联网与可持续发展的交响曲

I. 引言

A. 引入主题：探讨未来科技如何塑造人类生活

B. 简要介绍 AI 和物联网的概念

C. 阐述可持续发展的重要性

D. 预告演讲内容和结构

II. AI 与物联网的融合

A. 定义 AI 与物联网的融合点

1. 智能数据分析

2. 自动化决策过程

B. 实际案例分析

1. 智能家居系统

2. 工业自动化

C. 挑战与机遇

1. 数据隐私和安全问题

2. 技术整合和标准化需求

…………

- 阐述观点和论点。描述你希望在展示或演讲中阐述的观点和论点，为此，搜集关键信息、数据或事例以证明你的观点是必要的。利用 AI 模型，你可以进一步完善和丰富这些观点，并增强论点的说服力，使之更具吸引力。

- 幻灯片设计。如果你需要有关幻灯片设计的建议，应详细说明你需要的设计风格、色彩偏好或其他具体要求。AI 模型可以基于这些信息，提供关于幻灯片布局、图像选用和文字排版的指导，助力你的幻灯片呈现出专业而引人注目的效果。

请记住，根据你的目标听众和个人风格对生成的内容进行调整是至关重要的，这能确保内容与你的需求和偏好相匹配。同时，将 AI 模型生成的建议与你自身的专业知识及演讲技巧相结合，将有助于打造一场具有影响力的演讲。